Schädlinge im Garten
natürlich bekämpfen!

Stocker stv

Umschlaggestaltung: DSR| Werbeagentur Rypka GmbH, 8143 Dobl/Graz, www.rypka.at

Bildnachweis:
Cover: großes Bild: © Walter Kussegg; kleines Bild links: © Pascal Greboval; kleines Bild rechts: © Denis Pépin
Innenteil:
© Georges Chauvin: S. 12 o, 27 u, 31 o li, 34 li, 37 re u, 53 o, 87 o re, 91 u re, 93 u re
© Imagebroker/Reinhard Hoelzl/Biosphoto: S. 18, 36 re
© Bernard Chaubet: S. 21 u, 28, 29 u li, 30 o, 31 u li, 35 li
© Denis Bringard/Biosphoto: S. 23, 33 u re
© Biotop: S. 27 mi, 104 li, 104 u, 105, 110
© Roger de La Harpe/Biosphoto: S. 32
© Jean-François Cart/Biosphoto: S. 60
© Minden Pictures/Michael Durham/Biosphoto: S. 66 u re
© Bartomeu Borrell/Biosphoto: S. 70 li
© RHS – Royal Horticultural Society/Biosphoto: S. 70 re, 81
© P. & M. Guinchard/Biosphoto: S. 77
© Minden Pictures/Albert de Wilde/Buiten-beeld/Biosphoto: S. 78 o li
© Frédéric Desmette/Biosphoto: S. 84 o re
© National History Museum of London/Biosphoto: S. 85
© Juniors/Biosphoto: S. 89
© SPL – Science Photo Library/Geoff Kidd/Biosphoto: S. 91 u li
© Marc Lapolla/Biotop: S. 104 o re
© Les jardins animés: S. 119 u
Zeichnung auf S. 42 von Frédéric Claveau
© Denis Pépin: S. 3–11, 12 u, 13–17, 20, 21 o, 22, 24–26, 27 o, 29 o li, 29 re, 30 u, 31 re, 33 li, 35 re, 36, 37 li, 41–52, 53 li u, 53 re, 54–58, 61–65, 66 li, 67–69, 71–76, 78 li u, 78 re, 80, 82–83, 84 u, 86, 87 u, 88, 92, 94–101, 106–107, 109 u, 112 re, 113, 116 o, 117 u, 118, 119 o, 120 o, 121–123, 125, 126
© Sarefo (Wikimedia CC 3.0): S. 90
© biohelp: S. 108 o, 109 o, 112 li u und re o
© Neudorff: S. 102, 108 li und re u, 115, 116 u, 120 u, 124 o
© Kwizda: S. 117 o
© Bioland Hof Jeebel/www.biogartenversand.de: S. 124 mi
© Scotts Celaflor: S. 111, 114
© Mikiwikipikidikipedia (Wikimedia CC-BY-SA-3.0): S. 123

Titel der französischen Originalausgabe: Denis Pépin: Stop aux ravageurs dans mon jardin ! Solution bio préventives et curatives
© by Terre vivante, Mens, France, 2016
ISBN 978-2-36098-191-5

Aus dem Französischen ins Deutsche übersetzt von Barbara Hinterplattner, BA BA

Bibliografische Information der Deutschen Nationalbibliothek
Die Deutsche Nationalbibliothek verzeichnet diese Publikation in der Deutschen Nationalbibliografie; detaillierte bibliografische Daten sind im Internet über http://dnb.d-nb.de abrufbar.

Hinweis: Dieses Buch wurde auf chlorfrei gebleichtem Papier gedruckt. Die zum Schutz vor Verschmutzung verwendete Einschweißfolie ist aus Polyethylen chlor- und schwefelfrei hergestellt.
Diese umweltfreundliche Folie verhält sich grundwasserneutral, ist voll recyclingfähig und verbrennt in Müllverbrennungsanlagen völlig ungiftig.

Auf Wunsch senden wir Ihnen gerne kostenlos unser Verlagsverzeichnis zu:
Leopold Stocker Verlag GmbH
Hofgasse 5/Postfach 438, A-8011 Graz
Tel.: +43 (0)316/82 16 36
Fax: +43 (0)316/83 56 12
E-Mail: stocker-verlag@stocker-verlag.com
www.stocker-verlag.com

ISBN 978-3-7020-1652-4

Repro: Werbeagentur Rypka GmbH, 8143 Dobl/Graz, www.rypka.at
Druck und Bindung: Christian Theiss GmbH, 9431 St. Stefan
Printed in Austria

MIX
Papier aus verantwortungsvollen Quellen
FSC® C012536

BioGarten PRAXIS

Schädlinge im Garten natürlich bekämpfen!

Denis Pépin

Leopold Stocker Verlag
Graz – Stuttgart

Inhalt

1 Warum natürlich gärtnern?

2 Ein einladender Garten als Heimat für Nützlinge

3 Schädlinge: Steckbriefe und geeignete Bekämpfungsmethoden

4 Schädlinge bekämpfen: Vorbeugende und bekämpfende Maßnahmen

Anhang

Streifenwanzen auf Fenchelblüten

Warum natürlich gärtnern?

- ~ Chemische Produkte – eine Sackgasse
- ~ Die optimale Lösung: Biologischer Pflanzenschutz

Chemische Produkte – eine Sackgasse

Ein falscher Ansatz

Obwohl der Einsatz von chemischen Pestiziden binnen 50 Jahren rasant zugenommen hat, hat das die Verbreitung und den Anstieg der Zahl der Pflanzenschädlinge auf der Erde nicht aufgehalten (siehe Tabelle). Viele Tiere, wie etwa Milben, sind erst durch den exzessiven Einsatz von Pestiziden zu aggressiven Schädlingen geworden, da diese ihre natürlichen Feinde ausgelöscht hatten. Außerdem passen sich die Schädlinge den Produkten an. In weiterer Folge müssen Dosen laufend gesteigert und neue Moleküle zum Einsatz gebracht werden. Dieser Teufelskreis ohne Ende kommt sowohl Produktbenutzern als auch der Gesellschaft als Ganzes immer teurer und verseucht die gesamte Erde.

Anzahl der Arten von Pflanzenschädlingen zwischen 1934 und 1972*

	1934	1943	1953	1967	1972
Milben	5	6	7	21	23
Insekten	140	145	155	267	278
Weichtiere	2	4	4	6	6
Vögel	0	0	0	8	8
Säugetiere	0	4	4	19	19
Viren	1	5	5	105	109
Bakterien	5	5	5	14	14
Pilze	77	80	80	153	173
Nematoden	6	6	6	12	13
Gesamt	**236**	**255**	**266**	**605**	**643**

* Quelle: Générations futures; eine französische Umweltschutzorganisation

Eine Gefahr für die Gesundheit des Menschen

Chemische Insektizide gefährden den Anwender und reichern sich außerdem in behandeltem Obst und Gemüse an. Die meisten von ihnen greifen das Nervensystem der Insekten an. Da die Nervenzellen der Menschen gleich funktionieren wie die der Tiere, verursachen die Insektizide auch beim Menschen kognitive Funktionsstörungen (Gedächtnis, Aufmerksamkeit, Urteilsvermögen). Parkinson etwa wurde als Berufskrankheit unter Landwirten anerkannt.
Bio-Insektizide wirken auf dieselbe Art und Weise. Im Gegensatz zu chemischen Produkten sind die mit ihnen verbundenen Gesundheitsrisiken jedoch wesentlich geringer. Außerdem werden sie nach ihrer Anwendung schnell abgebaut.

Eine Bedrohung für Umwelt, Grundwasser und Biodiversität

Pestizide (Insektizide, Rodentizide, Schnecken- und Krähengifte etc.) gefährden die natürliche Flora und Fauna. Insektizide, wie vor allem Neonicotinoide, die inzwischen im Haus- und Kleingartenbereich verboten sind, werden für die sinkende Biodiversität und die Beeinträchtigung von bestäubenden Insekten verantwortlich gemacht. Diese Produkte werden in Flüssen und im Grundwasser nachgewiesen. Obwohl sie dort in geringeren Mengen vorkommen als Unkrautvernichtungsmittel wie etwa Glyphosat, steigt die Konzentration an Metaldehyd – ein Mittel, das gegen Schnecken eingesetzt wird – an. Um dieses Wasser wieder trinkbar zu machen, sind sehr komplexe und teure Verfahren notwendig.

Solitär- und soziale Bienen reagieren auf zahlreiche Insektizide empfindlich.

Dasselbe gilt für Schmetterlinge (hier ein Russischer Bär).

Gesetzliche Vorschriften zur Verwendung von Pestiziden (einschließlich biologischer) im Haus- und Kleingartenbereich

Alle Bürger müssen die Vorschriften, die die Verwendung von Pestiziden (Pflanzenschutzmitteln) beschränken, einhalten, um der Wasserverschmutzung vorzubeugen und die Umwelt sowie die Gesundheit der Bevölkerung zu schützen.
Die Verwendung von Pflanzenschutzmitteln ist länderspezifisch geregelt. Genauere Informationen geben in der Schweiz das Bundesamt für Umwelt BAFU, in Deutschland das Bundesministerium für Ernährung und Landwirtschaft sowie das Bundesministerium für Verbraucherschutz und Lebensmittelsicherheit und in Österreich die Landwirtschaftskammern, das Bundesministerium für Land- und Forstwirtschaft, Umwelt und Wasserwirtschaft sowie die Ages (Österreichische Agentur für Ernährungssicherheit).
Für den **Haus- und Kleingartenbereich** können nur **eigens für diese Verwendung zugelassene Pflanzenschutzmittel ohne schwerwiegende gefährliche Eigenschaften** erworben werden. Profi-Pflanzenschutzmittel sind nur mit einem Sachkundenachweis (Bescheinigung gemäß Art. 5 der Richtlinie 2009/128/EG) erhältlich. Vor der Verwendung ist die Zulassung zu überprüfen!
Für Verwender von Pflanzenschutzmitteln ist die sachgemäße Anwendung und Lagerung verpflichtend. Dies umfasst die Befolgung der **Grundsätze der guten Pflanzenschutzpraxis** (z. B. wenn Restmengen anfallen, sie mit Wasser im Verhältnis 1 : 10 verdünnen und im Garten ausbringen), aber auch die Einhaltung der auf dem Etikett angegebenen Bedingungen (z. B. die richtige Dosierung). Lesen Sie die Gebrauchsanweisung sorgfältig durch. Halten Sie sich an die dort angegebenen Vorsichtsmaßnahmen und Sicherheitshinweise.
Folgen Sie den eventuellen Verboten und Einschränkungen, wie z. B. der Wartezeit bei essbaren Kulturen, den Abständen zu Oberflächengewässern bei Behandlungen (ein **Mindestabstand von 1 m zu Gewässern** muss in jedem Fall eingehalten werden). Anwenderschutz im Haus- und Kleingarten bedeutet z. B. auch das Tragen einer geeigneten Schutzkleidung. Festes Schuhwerk, den Körper bedeckende Kleidung und Handschuhe gehören dazu.
Bei der Verwendung von Pflanzenschutzmitteln sind nachteilige Einwirkungen auf Nachbargrundstücke zu vermeiden. Unerwünschte Abdrift kann die Umwelt stark belasten. Führen Sie daher Behandlungen nur **bei Windstille in den Morgen- oder Abendstunden** durch (nicht bei über 25 °C Außentemperatur behandeln).

2019 – das Ende chemischer Pestizide in den Gärten

Ab 1. Januar 2019 dürfen in Frankreich synthetische (chemisch hergestellte) Pflanzenschutzmittel nicht mehr an Hobbygärtner verkauft werden. Letzteren ist es verboten, die Produkte zu erwerben, zu besitzen oder zu verwenden.
Im deutschsprachigen Raum ist ein solches Verbot bislang nicht ergangen. Umso wichtiger ist es, an die Vernunft zu appellieren und natürliche Wege der Schädlingsreduzierung aufzuzeigen.

Die optimale Lösung: Biologischer Pflanzenschutz

Dieser stellt die beste Lösung dar, um zu verhindern, dass Schädlinge sich so stark ausbreiten, dass sie Kulturpflanzen und Ernten gefährden. Grundsätzlich ist der Gärtner Herr seines Gartens. Es kommt nicht jedes Jahr vor, dass Schädlinge Früchten, Gemüsepflanzen oder Rosensträuchern zum Verhängnis werden, sodass die Anwendung von Schädlingsbekämpfungsmitteln erforderlich wäre.

Biologischer Pflanzenschutz umfasst zahlreiche präventive und kurative Mittel:

- Ungünstige Methoden vermeiden, die förderlich für Schädlinge sind, und Pflanzen gute, ihren Bedürfnissen entsprechende Voraussetzungen zum Wachsen bieten.
- Widerstandsfähige Pflanzen wählen, die auch Nacktschnecken standhalten.
- Natürlich und dauerhaft Lebensräume für Nützlinge schaffen, die die Schädlingsbestände klein halten und verhindern, dass sich diese zu stark vermehren.
- Schädlinge mithilfe von Hindernissen, Tüchern, Netzen oder Ködern von Pflanzen fernhalten.
- Kurative Behandlung von gefährdeten Pflanzen (Obst, Gemüse) mit im Bio-Bereich erlaubten Produkten nur wenn nötig und wenn alle vorbeugenden Maßnahmen gescheitert sind.

Nachhaltig Lebensraum für Nützlinge schaffen

Mehr als ein Drittel der Insekten, die in Gärten anzutreffen sind, sind phytophag, das bedeutet, sie ernähren sich von Pflanzen. Einige trinken den Pflanzensaft, andere zernagen Samen, Stängel, Blätter und Wurzeln. Die meisten richten keinen Schaden an und beeinträchtigen die Erträge kaum. Meistens bemerkt man ihre Anwesenheit auch so gut wie nicht. Nur ein kleiner Teil dieser Tiere sind Schädlinge[1], um die es in diesem Buch geht. Die gute Nachricht: Die meisten von ihnen können durch schützende Nützlinge (s. S. 103) im Zaum gehalten werden. Diese verhindern nicht ihre Anwesenheit, sondern ihre Vermehrung, welche die Ursache für die Pflanzenschäden darstellt.

Die Gartenkreuzspinne: eine ideale Verbündete

1 Schädlinge (wissenschaftlich) werden umgangssprachlich auch „Ungeziefer" oder „Schmarotzer" genannt. „Ungeziefer" wird eher für Tiere wie etwa Ratten verwendet, während „Schmarotzer" Tiere bezeichnet, die in anderen Tieren leben, wie etwa Bandwürmer.

Eine Gallische Feldwespe frisst eine Larve.

Die meisten Funkien sind anfällig für Schnecken- und Nacktschneckenbefall.

Die Wahl der richtigen Pflanzen

Dem Boden und dem Klima angepasste Pflanzen

Das ist die Grundlage des Gärtnerns! Pflanzen, die nicht an die spezifischen Boden- und Klimaeigenschaften der Gegend angepasst sind, sind weniger widerstandsfähig und fallen öfter Schädlingen (Schildläusen, Milben, Blattläusen, Nacktschnecken ...) und Krankheiten zum Opfer.

Die wichtigsten Kriterien, die man bei der Pflanzenwahl beachten sollte, sind die Bodenfeuchtigkeit im Winter (ton- oder lehmhaltige Böden) oder, im Gegensatz dazu, die Trockenheit im Sommer (sandige Böden) sowie die Dichte, den Humus- und den Säuregehalt.

Die wichtigsten Klimafaktoren sind Frost (der noch durch die Feuchtigkeit in wenig durchlässigen Böden verstärkt wird), Sommerhitze, direkte Sonneneinstrahlung oder Schatten.

Pflanzen, die widerstandsfähig gegen Schädlinge sind

Bestimmte Pflanzenarten werden kaum von Schädlingen angegriffen, andere hingegen fast jedes Jahr. Zum Beispiel werden einige mehrjährige Pflanzen (Funkien, Rittersporn ...) regelmäßig von Weichtieren angegriffen, andere jedoch so gut wie nie. Manche Apfelbaumarten werden regelmäßig von Apfelblutläusen heimgesucht, andere bleiben verschont.

Jedes Mal, wenn man eingreift, um eine Pflanze vor einem Schädling zu schützen, riskiert man, andere, „unschuldige" Arten zu schädigen. Selbst manche Bio-Produkte verursachen große Kollateralschäden an in Gärten lebenden Wildtieren. Das gilt vor allem für Insektizide auf Pyrethrum-Basis (s. S. 115). Bedenkt man, dass Insektizide auch noch teuer sind, fragt man sich wirklich, was es für einen Sinn hat, sich für empfindliche Pflanzenarten zu entscheiden, die schützende

Eingriffe erfordern, während es andere Arten gibt, die keine solchen Probleme machen. Ein Garten sollte kein Krankenhaus für empfindliche Pflanzen sein.

Zu bewährten Anbaumethoden greifen

Die natürlichen Lebensbedingungen der Pflanzen wahren

Die meisten Gartensträucher stammen aus dem lichten Unterholz, von Waldrändern, Lichtungen oder von Baumheiden (Rosensträucher, Rhododendron, Kamelie, Forsythie, Obstbäume und -sträucher ...). Diese wachsen besser, wenn man die Erde um sie herum mit einer dicken Schicht Mulch aus toten Blättern bedeckt und so ihre natürlichen Lebensbedingungen imitiert.

Andere stammen von Wiesen, Steppen und von Rasen- und Heidegebieten an der Küste (zahlreiche mehrjährige Pflanzen, Zwiebelgewächse, Gemüsepflanzen ...). Diese gedeihen gut in belüfteter Umgebung auf Boden mit trockenem Gras.

Für einen lebendigen Boden

Organismen im Boden schaffen gute Lebensbedingungen für Pflanzen (einen luftigen und weichen Boden) und halten ihnen die Nährstoffe bereit, die sie brauchen.

Die Bodenlebewesen ernähren sich von verrottenden Pflanzenresten, die auf der Bodenoberfläche, etwa in Form von Mulch, vorhanden sind. Pflanzen, die auf nacktem Boden ohne Mulch wachsen, der hart, dicht und wenig durchlüftet ist und wenige Mikroorganismen beheimatet, sind immer anfälliger für Schädlinge und Krankheiten. Beispielsweise sind Kamelie, Rhododendron oder Japanischer Spindelstrauch, die auf nacktem Boden ohne dicke Mulchschicht aus totem, verrottendem Laub wachsen, anfälliger für Schildlaus-, Blattlaus- oder Dickmaulrüsslerlarvenbefall.

Sternmagnolie mit Mulch aus totem Laub

Diese Spinatpflänzchen wachsen auf vom Regen beschädigtem Boden, was sie schwächt.

Keinen Kompost oder andere organische Stoffe vergraben

Das Vergraben von Kompost – vor allem, wenn er noch nicht reif ist – oder von anderen Pflanzenresten, Gründünger, Gras- und Unkrautresten (bei der Urbarmachung von Rasen oder Wiesen) erhöht das Risiko von Erdraupen- (Larven von Eulenfaltern oder Schnaken), Engerling- (Maikäferlarven) und „Drahtwurm"-Befall (Schnellkäferlarven) sehr stark. Außerdem werden so Destruenten, die vor allem an der Erdoberfläche leben, außer Acht gelassen. Daher ist es besser, organische Stoffe an der Oberfläche zu belassen und, wenn nötig, sie maximal 10 cm tief im Boden zu verscharren.

Das tiefe Vergraben von organischem Material im Boden begünstigt Krankheiten und Schädlingsbefall.

Fruchtfolge betreiben

Vor allem im Gemüsegarten sollte man es vermeiden, mehrere Jahre in Folge an derselben Stelle Gemüse derselben Sorte oder Pflanzenfamilie anzubauen. Eine Fruchtfolge dient vor allem der Vermeidung von Krankheiten.

Sie trägt auch zur Abwehr von Möhrenfliegen, die im Boden unter befallenen Karotten überwintern, oder von Lauchminierfliegen bei. Eine längere Rotationsperiode (wenn möglich vier Jahre, bevor an derselben Stelle erneut das Gleiche angebaut wird) stellt eine kluge Vorsichtsmaßnahme dar.

Ein guter Anbaustart

Pflanzen, die nur sehr langsam keimen und wachsen, sind oft Opfer von Krankheiten und Schädlingen, wie etwa Blattrandkäfern (Erbsen), Erdflöhen (Kohl, Rübe, Radieschen), Nacktschnecken und Schnecken (zahlreiche Pflanzen). Umgekehrt können Pflanzen, die schnell wachsen, bis zu einem gewissen Grad beschädigt werden, ohne wirklich darunter zu leiden.

Um den Pflanzen einen guten Start zu ermöglichen, sollte man Folgendes beachten:

- Nicht zu knapp nach Winterende mit der Aussaat beginnen, wenn die Erde noch kalt und feucht ist.
- Pflanzen in warme, aber nicht zu trockene Erde aussäen und einpflanzen. Im Frühling können Treibhausfolie oder durchlüftete Folientunnel gute Dienste leisten.

Für einige Pflanzen und Blumen eignet sich vor allem zu Frühlingsbeginn die direkte Aussaat sehr gut (Salat, Kohl, Mangold, Studentenblume, Kosmee ...).

Abendliches Gie-ßen und Besprühen mit Wasser fördert Nacktschneckenbefall und zahlreiche Krankheiten.

Das gezielte Anbauen von Pflanzen in Mischkultur beugt Schädlingsbefall und Krankheiten vor.

Dünger in Maßen

Benutzen Sie ausschließlich natürliche Düngemittel, nur wenn notwendig und nicht übermäßig.

Die übermäßige Verwendung von Stickstoff- und Kalidüngern erhöht das Risiko von Krankheits- und Schädlingsbefall stark (Blattläuse, Milben und andere saugende und stechende Insekten). Da die äußere Blattwand durch den Dünger weicher wird, kann sie von den Schädlingen leicht durchstochen werden. Diese können so viel einfacher einen nährstoffreicheren Saft trinken.

Dieser Überschuss kommt bei der Benutzung von Kunstdünger oft vor, kann aber auch bei der übermäßigen Anwendung von Kompost, Dung und organischem Dünger vorkommen. Nur weil es sich um „biologische" Produkte handelt, die gut für Boden und Pflanzen sind, heißt das nicht, dass man sie oft und in Massen anwenden soll.

Auf Feuchtigkeit achten

Wassermangel und trockene Luft (vor allem in Gewächshäusern und im Innenbereich) begünstigen Milbenbefall. Kohlerdflöhe vermehren sich, wenn es im Frühling und Sommer heiß und trocken ist.

Umgekehrt treten viele Krankheiten unter sehr feuchten Bedingungen häufiger auf, wenn die Blätter nicht gut belüftet werden und zu lange feucht bleiben.

Kulturen mischen und kombinieren

Schädlinge vermehren sich langsamer und finden ihre Wirtspflanzen schwerer, wenn diese mit anderen Pflanzen vermischt, also in Mischkultur angebaut werden. Dieser einfache „Verdünnungseffekt" ist nützlich, um die Angriffe von schädlichen Insekten seltener werden zu lassen, reicht aber nicht, um sie ganz zu verhindern, besonders in Jahren mit starkem Befall.

Kurative Anwendung: punktuell und sparsam

Wenn Pflanzen von Schädlingen angegriffen werden, ist ein Eingriff nicht immer nötig, vor allem wenn Nützlinge vor Ort sind. Junge, frisch eingesetzte oder in der Entwicklung begriffene Pflanzen (Büsche, Obstpflanzen) machen eher Eingriffe nötig als ausgewachsene, der Umgebung gut angepasste und starke Pflanzen, die sich selbst zur Wehr setzen können.

Wenn das Risiko nur ein ästhetisches ist, warum dann eingreifen? Es ist besser, wenn möglich, widerstandsfähige Pflanzen zu setzen.

Wenn ein Eingriff nötig erscheint, sollte er der Schwere des Problems angepasst sein. Sehr oft reicht ein rein mechanischer Eingriff (Wasserspritze, Zerdrücken oder Schlagen), um den Schädlingsbefall zu mildern und erträglich zu machen.

Bei der Anwendung eines Bio-Produktes sollte darauf geachtet werden, dass dieses auf den Schädling abgestimmt ist. Jedes Produkt hat spezielle Anwendungsbereiche. So wirkt Kupferkalkbrühe zwar gegen bestimmte Krankheiten, aber ist im Kampf gegen schädliche Insekten absolut wirkungslos.

Überschreiten Sie niemals die empfohlene Dosis und wenden Sie das Produkt nur auf wirklich befallene Pflanzen und gegen Insekten an, die Probleme verursachen.

Entleeren Sie die Reste in der Sprühflasche niemals ins Regenwasser, da zahlreiche Bio-Produkte gefährlich für die Wasserfauna sein können. Sprühen Sie die Reste – mit Wasser gut verdünnt – besser auf die behandelten Pflanzen.

Produkte nicht mischen

Die im Handel erhältlichen Produkte, die als Mittel gegen Insekten oder Krankheiten deklariert werden, sind, auch wenn es sich um Bio-Produkte handelt, ökologisch nicht unbedenklich. Breitbandinsektizide[2], wie Pyrethrum, können auch Nützlingen schaden. Fungizide auf Kupfer- oder Schwefelbasis können dazu führen, dass Kupfer sich im Boden anreichert. Pflanzenschutzmittel sind deshalb immer nur als Notlösung anzusehen und sehr gezielt auszubringen. Vor allem sollten nicht verschiedene Präparate gemeinsam ausgebracht werden, da sie sich in ihren Wirkungen gegenseitig beeinflussen können.

2 Dieses schadet unzähligen Insekten, darunter Nützlingen, Nektarsammlern und harmlosen Tieren.

Haftungsausschluss

Die Informationen in diesem Buch wurden sorgfältig recherchiert und sind nach bestem Wissen zum Zeitpunkt der Veröffentlichung exakt und richtig. Es wird jedoch keinerlei Verantwortung oder Haftung hinsichtlich der Verwendung dieser Informationen übernommen.

Vor der Verwendung von Pflanzenschutzmitteln ist deren Zulassung zu prüfen und sind Etiketten und Produktinformationen zu lesen.

Mischung aus ein- und mehrjährigen Blumen, die Nützlinge anlocken.

Ein einladender Garten als Heimat für Nützlinge

- ~ Wer sind Ihre Verbündeten?
- ~ Die wichtigsten Nützlinge
- ~ Ein einladender Garten

Wer sind Ihre Verbündeten?

Nützlinge sind lebendige Organismen (meist Tiere), die im Kampf gegen Pflanzenschädlinge nützlich sind. Dank ihnen kann man bei den meisten Problemen auf Bio-Produkte, verschiedenste Mittel und händisches Eingreifen etc. verzichten.

Bestimmte Nützlinge (Laufkäfer, Florfliegen, Meisen, Spitzmäuse ...) können **gegen Schädlinge allgemein** eingesetzt werden. Sie fressen das ganze Jahr über zahlreiche Schädlingsarten und verhindern so ihre Vermehrung und dadurch Schäden. Sie sorgen also für „umfassenden Schutz".

Andere wiederum sind **spezialisierter** (Marienkäfer, Schwebfliegen, Schlupfwespen, Raubmilben ...) und töten in Rekordzeit eine große Zahl Schädlinge. Damit halten sie die Pflanzen „sauber" und bremsen die Vermehrung der Schädlinge.

Sind Nützlinge früh genug und in ausreichend großer Zahl vorhanden, können sie die meisten Schädlinge im Zaum halten und ihre Verbreitung und daraus resultierende Schäden verhindern. Andere werden später, im Spätfrühling und zu Sommerbeginn, aktiv und verhindern so neuerlichen Befall.

Das funktioniert! Im Großteil der biologischen und ökologischen Gärten kommen Schädlinge in zu geringer Zahl vor, als dass sie Schäden anrichten könnten.

Marienkäfer fressen Pollen und Nektar, wenn es keine Blattläuse gibt.

Der Gärtner ist für seine Umfeld und die Nützlinge verantwortlich

Nützlinge sind nicht nur rein zufällig im Garten anzutreffen. Ihre Anwesenheit hängt davon ab, wie der Garten gestaltet ist und wie er erhalten wird. Sie hängt also vom Gärtner ab. Es ist fast nie nötig, gezüchtete Nützlinge (s. S. 103) in den Garten zu bringen. In einen Garten, der für natürlich vorkommende Nützlinge geeignet ist, kommen diese von allein, vermehren sich dort und bleiben auch.

Um dies zu erreichen, ist es wichtig, den Lebenszyklus der Tiere zu verstehen und den Garten so an sie anzupassen und zu erhalten, dass ihre Bedürfnisse ihr ganzes Leben lang erfüllt sind. Dazu zählen Nahrung, Wasser, Unterschlupf, Überleben im Winter und in heißen Sommern sowie Fortpflanzung.

Die wichtigsten Nützlinge

Gegen Blattläuse, Schildläuse, Mottenschildläuse, Milben ...

Nützlinge sind meist so effizient und so zahlreich im Garten vorhanden, dass Schädlinge kaum mehr eine Gefahr darstellen. Es ist nicht nötig, einzugreifen, vor allem bei Rosensträuchern oder Ackerbohnen, oder Bio-Produkte oder natürliche Gemische herzustellen. Die Nützlinge haben alles unter Kontrolle.
Ausnahmen davon gibt es nur ab und zu, wenn schwierige Klimaverhältnisse (anhaltend feuchte und kalte Frühlinge zum Beispiel) sie daran hindern, aktiv zu werden, oder ihre Bestände dezimieren.

Marienkäfer

Es gibt mehr als hundert verschiedene Marienkäferarten, von denen fast alle Blattläuse, Schildläuse, Milben etc. fressen, aber von denen sich nur wenige regelmäßig in Gärten aufhalten.

Siebenpunkt-Marienkäfer (*Coccinella septempunctata*)

Er ist der Star unter den Nützlingen, obwohl er weder der effizienteste noch der am häufigsten anzutreffende Gartennützling ist. Er kommt in die Gärten, sobald der Winter vorbei ist, und ist vor allem auf niedrig wachsenden Pflanzen anzutreffen (Blumen, Gemüsepflanzen, wie Ackerbohnen, kleine Sträucher ...). Dieser Käfer ernährt sich von Pollen und Nektar, während er auf die ersten **Blattläuse** wartet, die im Frühjahr schlüpfen. Die Paarungszeit liegt, abhängig von den Klimaverhältnissen, zwischen April und Juli.

Siebenpunkt-Marienkäfer

Marienkäfereier

Die ausgewachsenen Tiere, die im Vorjahr geboren wurden, sterben nach der Eiablage. Im Laufe seines Lebens frisst ein Marienkäfer durchschnittlich mehrere hundert Blattläuse (die 60 % seiner insgesamt aufgenommenen Nahrung ausmachen).

Die Gelege bestehen aus mehreren Dutzend gelb-orangen Eiern, welche (anders als Schmetterlingseier) nicht aufgereiht sind. Die Eier werden unter Blättern oder auf Stängeln und in den meisten Fällen inmitten von Blattlauskolonien abgelegt.

Aus den Eiern schlüpfen 2 mm lange Larven, die die jungen Blattläuse fressen und die sich mehrmals im Laufe ihres Wachstums (bis etwa 6 mm) häuten. Später fressen sie größere Blattläuse (im Schnitt frisst eine Larve in zwei Wochen über 500).

Danach lässt sich die Larve auf einem Blatt nieder, um sich zu verpuppen. Im Inneren dieser Puppe kommt es zur endgültigen Verwandlung der Larve in ein neues ausgewachsenes Tier, welches zuerst 48 Stunden lang gelb ist und danach eine rote Färbung mit sieben schwarzen Punkten annimmt.

Ein Teil der Jungtiere wandert im Sommer und im Winter. Ein anderer Teil bleibt im Garten und frisst hier und da die Blattläuse von den Pflanzen.

Im Herbst fressen Marienkäfer große Mengen an Pollen und Nektar von den Gartenblumen und Efeupflanzen, um sich vor der Überwinterung Vorräte anzufressen,

Marienkäfer-puppe

Frisch geschlüpfte Asiatische Marienkäfer

Larve eines Siebenpunkt-Marienkäfers

denn gut genährte Käfer trotzen der Kälte besser. Danach ziehen sie sich hauptsächlich unter abgestorbene Blätter (s. S. 44), Kletterefeu unter Hecken, unter Haufen aus Zweigen, totes Holz, tote Stämme und alte Baumstümpfe etc. zurück, wo sie vor Frost und Regen geschützt sind – vorausgesetzt, sie finden solche Orte im Garten.

Zweipunkt-Marienkäfer (*Adalia bipunctata*)

Dieser ist etwas kleiner als sein Verwandter, aber mindestens genauso aktiv, wenn nicht noch aktiver. Er ist auf höheren Gartenpflanzen, wie Rosensträuchern, Obst- und Zierbäumen und -sträuchern etc., anzutreffen. Er macht dieselbe Entwicklung durch wie der Siebenpunkt-Marienkäfer.

Vor dem Winter ernährt er sich von Pollen und Nektar, die er hauptsächlich auf Efeupflanzen, die sich um Bäume ranken, findet. Die Überwinterung findet oftmals in großen Gruppen in Unterschlüpfen in luftiger Höhe statt: Efeu auf Bäumen, unter Rinde, in Fels- oder Mauerspalten von Gebäuden (vor allem rund um die Fenster) oder hinter Fensterläden an Häusern. Diese Käfer suchen freiwillig Überwinterungsplätze auf, die aus mehreren Brettchen bestehen oder sehr hoch oben liegen.

Schachbrett-Marienkäfer (*Propylea quatuordecimpunctata*)

Dieser wird auch Vierzehnpunkt-Marienkäfer genannt und kommt auf einer Vielzahl von Pflanzen (Gemüsepflanzen, Johannisbeerstrauch, Rosenstrauch) vor.

Strichfleckiger Marienkäfer

Er ist sehr klein, schwarz und hat ein paar kleine, unauffällige, rote, geradlinig angeordnete Punkte. Er ist auf Obstbäumen zu finden und frisst **Blatt-** und **Schildläuse**. Er überwintert oftmals auf Bäumen (unter Rinde, Flechten, Efeu, Moos ...) und kommt an

Zweipunkt-Marienkäfer

Larve des Zweipunkt-Marienkäfers

Schachbrett-Marienkäfer

warmen, sonnigen Tagen hervor, um das Sonnenlicht zu genießen. Achtung! Ungerechtfertigte systematische Insektizidanwendung im Winter schadet ihm.

Zwergmarienkäfer

Dieses Tierchen ist beeindruckend. Die Larven sind von weißen, wolligen Fädchen bedeckt, die sie wie Schmierläuse aussehen lassen. Im Gegensatz zu diesen bewegen sie sich jedoch sehr schnell fort, vor allem wenn sie auf der Jagd nach **Blatt-** und **Schildläusen** sind, die sie gierig verschlingen. Der Marienkäfer ist auf verschiedensten Pflanzen (Blumen ...) zu finden und überwintert im Garten. Ausgewachsene Tierchen sind bräunlich-schwarz und etwa 3 mm lang.

Strich-fleckiger Marienkäfer

Zwergmarienkäfer

Asiatischer Marienkäfer, in den meisten Fällen rot mit zahlreichen schwarzen Punkten

Asiatischer Marienkäfer (*Harmonia axyridis*)
Seit Anfang der 2000er Jahre handelt es sich dabei um eine wilde Art, die einen Teil der Gartenfauna bildet, eine wichtige Rolle im Kampf gegen Blattläuse spielt und vor allem zu Frühlingsbeginn vor den anderen Marienkäfern aktiv ist. Der Asiatische Marienkäfer, der den Garten Ende Juni zu verlassen scheint, ist etwas stärker und dicker als die heimischen Arten und greift auch diese an, wenn die Blattläuse rar werden. In meinem Garten in der Bretagne (Frankreich) scheint es, dass die Siebenpunkt-Marienkäfer – als Reaktion auf die Anwesenheit des Asiatischen Marienkäfers besonders von April bis Juni – sich nun später entwickeln (Eiablage, Larven), um auch noch etwas von den Blattläusen zu haben. Es scheint, als würde der Asiatische Marienkäfer mit der „Grobreinigung" des Gartens von Blattläusen beginnen, um ihre Ausbreitung einzudämmen, während die heimischen Käfer die „Feinreinigung" übernehmen.

Schwebfliegen

Schwebfliegen zählen zu den besten Nützlingen im Garten. Es handelt sich dabei um Fliegen, die so aussehen wie Wespen. Manche sind klein und schmal, andere wiederum dicker. Die Hainschwebfliege (*Episyrphus balteatus*), eine der häufigsten Arten, kann man kaufen.

Sie kommen sehr häufig vor und sind regelmäßige Besucher von Gärten, vor allem von Gemüsegärten, Rosensträuchern und Obstbäumen, die sie von März oder April bis Oktober aufsuchen. Mit mehreren Fortpflanzungszyklen pro Jahr sind sie deutlich aktiver und bevölkern den Garten deutlich länger als Marienkäfer. Die ausgewachsenen Tiere sind Nektarsammler und vorzügliche Bestäuber. Sie benötigen beinahe das ganze Jahr über Blumen (s. S. 41).

Larve des Asiatischen Marienkäfers, erkennbar an den sehr dicht angeordneten orangen Punkten seitlich am Hinterleib.

Schwebfliege sammelt Nektar einer Kornblume.

Ihre Lieblingsblumen, deren Pollen und Nektar sie mit ihrer kurzen Zunge aufnehmen, sind kleine, wenig tiefe, meist gelbe oder weiße Blumen:

- jene der Familie der Doldenblütler (Apiaceae oder Umbelliferae): Kerbel, Pastinake, Fenchel, Petersilie, Karotte
- Korbblütler (Asteraceae oder Compositae) mit einzelnen Blüten: Schafgarbe, Kornblume, Ringelblume, Kamille, Margerite, Gänseblümchen, Löwenzahn, Ferkelkraut
- Mohn, Borretsch, Buchweizen, Phazelie
- Blüten von Schossern, wie Kohl, Radieschen, Rübe, Garten-Senfrauke, Pastinake ...

Manchmal ernähren sich die Schwebfliegen auch von Honigtau von Blattläusen (süße Ausscheidungen). Je mehr Nektar die Weibchen vor der Paarung gesammelt haben, desto mehr Eier legen sie. Diese (500 bis 1000) werden einzeln unter Blättern abgelegt.

Die Larven sind kleine kriechende Maden, deren Beute sehr viele **Blattläuse** (im Schnitt frisst eine Larve 700 innerhalb von acht bis zehn Tagen) und andere Insekten (**Schildläuse** ...) sind. Mit Leichtigkeit und Schnelligkeit schlängeln sie sich zwischen den Schuppen der von Blattläusen befallenen Artischockenblüten hindurch und in die zusammengerollten Apfelbaum- und Rosenbuschblätter, entlang von Stängeln und Ackerbohnenhülsen. Die Farbe der Larven ist je nach Art unterschiedlich: Es gibt grüne, beige und graue.

Im letzten Larvenstadium kommt es zur Verpuppung. Die Puppe ähnelt einem kleinen Wassertropfen, der fest an einem Stängel oder einem Blatt haftet. Ein neues ausgewachsenes Tier schlüpft nach einer Woche der Entwicklung aus dieser Puppe.

Arten mancher Gattungen (*Scaeva, Episyrphus* ...) überwintern als ausgewachsene Tiere, nachdem sie große Mengen Nahrung (Pollen und Nektar) aufgenommen

Hainschwebfliege

Larve der Hainschwebfliege

Gewöhnliche Langbauchschwebfliege

Larve der Späten Großstirnschwebfliege

Puppe einer Hainschwebfliege

haben. Dazu nutzen sie Efeu auf Bäumen, Rinde, Zweighaufen, ausgetrocknete Blätter auf den Bäumen ... Sie wagen sich ab und zu aus ihrem Versteck, meistens ab den ersten sonnigen Tagen im Februar, um Blüten zu finden.

Andere Arten (wie *Sphaerophoria scripta*, Gewöhnliche Langbauchschwebfliege) überwintern noch im Larven- oder Puppenstadium meist im Boden unter Mulch.

Gemeine Florfliege („Goldauge“)

Die ausgewachsenen Tiere besitzen membranartige Flügel und große, golden glänzende Augen. Sie sind von April bis Oktober aktiv und auf Blumen anzutreffen, deren Nektar sie sammeln. In einem Jahr entstehen drei Generationen. Die Eier (400 bis 500 pro Weibchen) werden einzeln oder in kleinen Gruppen am Ende eines langen Fadens abgelegt.

Ausgewachsene Gemeine Florfliege

Ei der Gemeinen Florfliege, das mit einem Faden an einem Blatt befestigt ist.

Die Larven, die daraus schlüpfen, sind gefährliche, eher nachtaktive Fleischfresser. Während ihrer zwei- bis dreiwöchigen Entwicklung frisst jede Larve verschiedenste Insekten: **Blattläuse** (500), **Milben** (10.000), **Mottenschildläuse** (oder **Weiße Fliegen**), **Schildläuse**, **Insekteneier** und **junge Raupen**.

Die Tiere der letzten, im Herbst geschlüpften Generation suchen Blüten auf, um an Pollen und Nektar (Energiereserven) zu kommen und ziehen sich anschließend zum Überwintern in die dichte Vegetation, zwischen trockenen Blättern auf Bäumen (Eichen, Kastanien, Weißbuchen), in Höhlen in alten Bäumen, unter Efeublätter und -stängel, in Zweighaufen, in Reisigbündel oder in Scheunen und Schuppen zurück. Oftmals finden sie ihren Weg ins Innere von Häusern und sind hinter Fenstern anzutreffen. *Chrysoperla carnea*, die häufigste Art, ist im Handel erhältlich.

Eine Florfliegenlarve frisst eine Blattlaus.

Schlupfwespen

Sie sind klein (2 bis 3 mm), unauffällig, aber gleichzeitig die besten Nützlinge, wenn es um die Beseitigung von **Blattläusen** geht, da sie eine Ausbreitung dieser auf Rosensträuchern oder Kohl in Rekordzeit selbst ohne die Hilfe von Marienkäfern, Schweb- oder Florfliegen eindämmen können. Sie dezimieren Blattlausbestände um beinahe 100 Prozent.

Von den heute bekannten mehreren hundert Arten sind nur wenige genau erforscht und bestimmt. Einige werden für die professionelle Nutzung gezüchtet. Sobald die Weibchen ausgewachsen sind, werden sie befruchtet und legen mehrere hundert Eier in Blattlauskolonien (jeweils eines pro Blattlaus).

Aus dem Ei schlüpft eine Larve, die die Blattlaus langsam von innen auffrisst. Diese wird bewegungslos, hellocker mit dicker Haut und wächst mit dem Parasiten im Inneren etwa zur Größe eines Stecknadelkopfes heran und stirbt schließlich. Auf der Rückseite von Blättern befallener Rosensträucher oder Kohlpflanzen kann man regelmäßig derart „mumifizierte" Blattläuse entdecken.

Nach etwa zehntägiger Entwicklung, kurz nach dem Tod der Blattlaus, verwandelt sich die Larve in eine ausgewachsene Schlupfwespe, die die Haut der Blattlaus aufschneidet, um aus ihrem Inneren herauszukommen. Sofort paaren sich die jungen ausgewachsenen Tiere und der Inokulationsprozess der Eier in die noch übrigen Blattläuse beginnt von vorn.

Viele Arten legen ihre Eier in Blattläuse, andere unter die Tiere (beispielsweise solche der Gattung *Praon*). Wieder andere bevorzugen Mottenschildläuse (*Encarsia*), Larven (solche aus der Familie der Brackwespen/Braconidae), Puppen (aus der Familie Ichneumonidae) oder Schmetterlinge (Großer Kohlweißling, Eulenfalter, Miniermottenlarve ...) als Wirte. *Aphelinus mali*, eine vor 100 Jahren eingeführte Art, wurde hier heimisch und lebt als Parasit in Apfelblutläusen.

Die ausgewachsenen Tiere fressen nur sehr wenig Nektar aus einzelnen, nicht tiefen Blüten (Korbblütler, Doldenblütler, Kreuzblütler, s. Schwebfliegen, S. 26). Sie überwintern in Unterschlüpfen, wie hohlen Stängeln von Kräutern (Doldenblütlern ...) in Efeu, Höhlen etc.

„Mumifizierte" Rosenblattlaus, in der eine Schlupfwespenlarve lebt.

Eine Schlupfwespe legt ein Ei in eine Mehlige Kohlblattlaus.

Mumifizierte Blattläuse. Bemerkenswert ist das Loch, das einige aufweisen, durch welches die junge Schlupfwespe den Wirtskörper verlassen hat.

Solitäre Wespen

Es existieren über tausend Wespenarten, von denen die meisten solitäre Wespen sind, also keine oder nur sehr kleine Kolonien mit einigen Dutzend Arbeiterinnen bilden. Alle Wespen sind nützlich für den Garten, da sie Fleischfresser sind und zahlreiche Insekten erbeuten, um sie an ihre Larven zu verfüttern. Sie sind für den Menschen ungefährlich.

Die meisten nisten in (entweder hohlen oder markhaltigen) Zweigen, im Boden, in Böschungen oder in totem Holz, das sie aushöhlen ...

Pemphredon – klein, aber oho

Im April und im Mai graben sich die Weibchen dieser kleinen schwarzen (6 mm langen) Wespengattung in abgeschnittene oder abgebrochene Wildrosen-, Rosen- oder Himbeerbuschzweige, um dort ihre Eier abzulegen. Daneben legen sie durch einen Stich betäubte Blattläuse ab, welche von den Wespenlarven aufgefressen werden. Diese verbringen ein Jahr in den Zweigen und verlassen diese im darauffolgenden Frühling. Während der Periode der Eiablage fängt ein einziges Weibchen so viele Blattläuse wie ein Siebenpunkt-Marienkäfer in seinem ganzen Leben. Diese Rekordleistung kann sich jeder Gärtner zunutze machen! Es genügt, die Rosen- oder Brombeerbuschzweige (mit etwa 1 cm Durchmesser), die bei der Gartenarbeit anfallen, aufzubewahren und sie in Stückchen von etwa 20 bis 30 cm Länge zu zerschneiden, in Reisigbündel von je zehn zusammenzubinden und (in beliebiger Ausrichtung) in 1 m Höhe in der Sonne in der Nähe der befallenen Pflanzen (Obstbäume, Rosenbüsche ...) anzubringen.

Eine Wespe einer *Pemphredon*-Art höhlt einen Brombeerzweig aus.

Reisigbündel aus Rosenzweigen, das in 1 m Höhe im Gemüsegarten angebracht wurde.

Ohrwurm

Dieser ist ein beeindruckendes Insekt: Die Mütter der Ohrwurmarten kümmern sich um die Eier und um die geschlüpften Jungen. Das Schlüpfen findet im Allgemeinen am Ende des Winters im Boden oder unter Steinen, Ästen oder totem Laub statt. Diese Allesfresser sind wertvolle Nützlinge, da die Jungen sich Ende Mai zusammentun, um nach Beute zu suchen. Sie fressen beträchtliche Mengen **Blattläuse**, **Milben**, **Schmetterlingseier**, junge **Raupen** und **Insektenlarven**. Sie klettern gerne auf Bäume, vor allem Apfelbäume, um dort regelrechte Razzien auf Mehlige Apfelblattläuse und Apfelblutläuse zu machen. Ein weiterer Vorteil ist, dass sie vor allem nachtaktiv sind, während die Ameisen, die die Blattläuse schützen, nicht aktiv sind. Sie ergänzen also Marienkäfer, Schweb- und Florfliegen perfekt. Mulch, totes Laub, flache Steine und mit Stroh oder Heu gefüllte Blumentöpfe (s. S. 43) dienen ihnen als Unterschlupf.

Raubwanzen

Während die meisten Wanzenarten in den Gärten Pflanzenfresser sind (die aber nur in den seltensten Fällen Schaden an den Pflanzen anrichten), gibt es doch einige gefürchtete räuberische Arten in Gemüse-, Obst- und Ziergärten. Diese fressen, je nach Art, **Blattläuse**, **Milben**, **Fransenflügler**, **Mottenschildläuse**, **Schmetterlingseier** und **-raupen**, **Kartoffelkäferlarven** und andere **Blattkäfer** ... Einige Arten (der Gattungen *Orius, Macrolophus, Anthocoris* ...) werden für den Einsatz in Gewächshäusern gezüchtet und verkauft. *Macrolophus*-Wanzen fressen auch den neu aufgetauchten Tomatenschädling, die Tomatenminiermotte (*Tuta absoluta*). Wanzen sind selten in großer Zahl in Gärten anzutreffen, fressen aber genauso viele Schädlinge wie Marienkäfer. Sie sind vor allem vom späten Frühjahr bis zum Herbst aktiv. Finden sie keine Beute, fressen sie Pollen und Nektar aus Blumen. Blumenwanzen werden von Brennnesseln angelockt.

Ohrwurmweibchen mit seinen Eiern

Ein junger Ohrwurm kostet Mehlige Apfelblattläuse.

Wanze beim Fressen von Mehligen Kohlblattläusen

Die meisten von ihnen überwintern unter totem Laub, in alten, mit Moos gefüllten Nistkästen, in Höhlen in alten Bäumen, in Efeu oder unter an den Bäumen verwelkenden Blättern (Weißbuche). Das Aufstellen von mit Stroh gefüllten Überwinterungsboxen (s. S. 44) bietet Schutz vor der winterlichen Kälte. Eine Hecke aus Sträuchern mit einem anliegenden, mit Kräutern bepflanzten Streifen (Wiese oder mehrjährige Blumen) bietet ebenfalls guten Unterschlupf.

Raubmilben

In der Natur und in Bio-Gärten und -Obstgärten werden **pflanzenfressende, schädliche Milben** (s. S. 85) gut von Raubmilben in Schach gehalten und machen keine Probleme. Letztere reagieren sehr empfindlich auf Breitbandinsektizide, weshalb ihre Zahl in vielen behandelten Obstgärten stark gesunken ist.
Die Rote Samtmilbe (*Trombidium holosericeum*), die sich auf Steinen und Baumstämmen sonnt, ist ein Raubtier. Andere, kleinere Milben halten sich auf Obstbäumen auf (solche der Familie Phytoseiidae).
Wenn Beute knapp ist, begnügen sich die Raubmilben mit Pollen, vor allem jenem von Gräsern.

Andere Nützlinge

Viele andere Nützlinge fressen Blattläuse, Milben, Schildläuse und Mottenschildläuse: Spinnen und Fledermäuse (geflügelte Blattläuse, wenn diese fliegen), Vögel, darunter Blaumeisen (Blattläuse auf Ästen und Stämmen), Laufkäfer (Blattläuse an Wurzeln) ... All diese Tiere verhindern die Vermehrung von Schädlingen im Garten. Sie ergänzen die oben genannten Nützlinge (und ersetzen diese manchmal auch), wenn diese sich aufgrund schlechter Klimabedingungen langsamer entwickeln.

Raubmilbe (Gattung *Trombidium*)

Gegen Nacktschnecken und Schnecken

In einem lebendigen und einladenden Garten gibt es nicht viele Weichtiere und daher ist es nicht nötig, auf Schädlingsbekämpfungsmittel (Schneckenkorn) zurückzugreifen.
Die effizientesten und im Alltag am häufigsten im Garten anzutreffenden Nützlinge – egal ob in der Stadt oder auf dem Land – sind Moder- und Laufkäfer, die bereits die Eier der Nacktschnecken sowie die jungen Tiere fressen, Spitzmäuse, Drosseln und Amseln. In einem dafür geeigneten Garten (der groß genug sowie natürlich ist und nahe an feuchten oder naturbelassenen Gebieten liegt) kann man mit gelegentlichen Igelbesuchen und der Anwesenheit unscheinbarer Amphibien (Kröte, Grasfrosch) rechnen. In Zukunft könnten Nematoden gegen Schnecken zugelassen werden (s. S. 105).

Spitzmäuse

Diese Tiere fressen täglich ihr eigenes Körpergewicht an Nahrung: Erdraupen, Larven von im Boden lebenden Eulenfaltern, verschiedene Insekten, Asseln, Ohrwürmer und Nacktschnecken. Sie nisten im Boden unter dichter Vegetation oder Laubmulch. Sie verstecken und bewegen sich in hohem, gemähtem Rasen (mehr als 6 cm), Moos, Wiese, Blumenbeeten mit mehrjährigen Blumen, am Rand von Blumenbeeten oder Wildpflanzen, am Fuße von Hecken und Strauchbeeten, in unmittelbarer Nähe von Gebäuden, Holzhaufen und Reisigbündeln ...

Schwarzer Moderkäfer

Dieser schwarze Käfer (mit einer Länge von 2 cm, Familie der Kurzflügler) ist nachtaktiv und versteckt sich tagsüber. Wenn man ihn stört, stellt er seinen Unterleib auf wie ein Skorpion. Er ist jedoch völlig ungefährlich, außer für **Schnecken-** und **Nacktschnecken**eier sowie junge Schnecken, die er zum Fressen gern hat. Er stöbert sie am Boden oder in der Nähe der Oberfläche in feuchten Nächten auf. Er frisst außerdem noch zahlreiche Insekten, kleine Tausendfüßler und sogar Kartoffelkäferlarven.

Der kleine *Tachyporus hypnorum* (3 mm), eine andere Kurzflüglerart, der im Moos und in Pflanzenüberresten (Mulch) häufig vorkommt, ist ein Raubtier, das verschiedenste Beute jagt: **Nacktschnecken**, **Milben**, **Blattläuse**, **Fransenflügler** und **Mottenschildläuse**. Andere Arten jagen **Raupen**.

Tagsüber, aber auch während intensiver Sommerhitze oder Winterkälte verstecken sich die Käfer unter Steinen, in Mulch aus Laub und Reisig, in Zweighaufen oder in Gruben im Boden ...

Laufkäfer

Viele (oftmals kleine) Arten der Familie der Laufkäfer sind im Garten zugegen, sofern dieser naturbelassene Gebiete oder Grünflächen beinhaltet, die von Hecken durchzogen sind, wo es Baumgruppen oder Wiesen gibt oder die an Flussufern liegen. Laufkäfer fliegen nämlich nicht, sondern kriechen. Die Larven leben im Boden und fressen dort **Blattläuse**, **Larven** von Schnellkäfern, Maikäfern und Kartoffelkäfern sowie zahlreiche **Nacktschnecken**. Die ausgewachsenen Tiere jagen auf dem Boden zahlreiche Insekten. Forschungseinrichtungen haben diese Tiere, die den Ruf haben, die besten Nützlinge im Kampf gegen Nacktschnecken zu sein, genau studiert.

Die kleinen Arten *Poecilus cupreus* (9 bis 13 mm), *Anchomenus dorsalis* (6 bis 8 mm), *Pterostichus*

Schwarzer Moderkäfer

Laufkäfer

Laufkäferlarve

melanarius (12 bis 18 mm) und *Harpalus rufipes* (10 bis 16 mm) sind die häufigsten Arten im Garten, auf Feldern und im offenen Gelände, die sehr schnell bis ins Herz des Gemüsegartens vordringen. Ihr Lebenszyklus dauert über ein Jahr.

Die großen Arten, wie etwa der Goldlaufkäfer, der sehr oft als Nützling genannt wird, sind sehr selten. Wie viele Nützlinge verstecken sie sich tagsüber und überwintern unter Pflanzenüberresten, die den Boden bedecken (Mulch), oder auch unter totem Laub, Pflanzenresten, trockenem Gras, Steinen, Baumstümpfen oder Holzbrettern. Sie schätzen Krautstreifen und gemulchte mehrjährige Blumen. Im Frühling fürchten sie intensive Bodenarbeiten, wie etwa Pflügen oder Fräsen.

Andere weichtierfressende Nützlinge

Singdrosseln fangen Schnecken mit dem Schnabel und zerschlagen ihr Gehäuse an einem Stein, rund um den sich im Laufe der Zeit die leeren Schneckenhäuser ansammeln. **Amseln** und einige andere Vögel fressen ab und zu Nacktschnecken, bevorzugen jedoch Regenwürmer und Insektenlarven. .

Igel schätzen Weichtiere mehr oder weniger – was von Tier zu Tier unterschiedlich ist – und fressen vor allem Regenwürmer, Insektenlarven, Raupen, Vogelküken, Eier, Jungtiere von Nagern ... und Trockenfutter für Katzen! Ihr Revier ist jedoch sehr weitläufig (mehr als 1 ha in der Stadt). Leider werden sie immer seltener, da sie keine passenden Jagd-, Aufzuchts- und Überwinterungsreviere mehr finden (Holz-, Heu- oder Kastanienlaubhaufen, Gebüsche, üppig bewachsene Böschungen und dichte Hecken, Brachland ...) und da ihre Beutetiere Pestiziden zum Opfer fallen. Man kann sich also unmöglich darauf verlassen, dass sie allein die Weichtierbestände regulieren, wenn dies nötig ist, außer man ist in der glücklichen Lage, dass eine Igelfamilie sich im eigenen Garten niederlässt. Achtung bei Becken und Pools: Igel könnten hineinfallen und ertrinken. Bringen Sie einen Rettungssteg an, damit die Igel wieder herauskommen.
Kröten, die nachtaktiv sind, fressen ab und zu Weichtiere, die sie mit ihrer Zunge fangen, aber vor allem Raupen, wie z. B. jene von Eulenfaltern oder Erdraupen (s. S. 52), Asseln, Spinnen, Ameisen, Fliegen und Mücken ...
Das Revier einer **Erdkröte** ist relativ weitläufig und beträgt mehrere hundert Quadratmeter. Daher kommt es selten vor, dass ein Garten mehr als ein oder zwei Tiere beherbergt.
Amphibien schätzen hohen Rasen, Mulch aus totem Laub, unter dem sie sich im Sommer und im Winter verstecken, und im Gemüsegarten aufgestellte Bretter (sehr oft überrascht man Kröten, die sich darunter versteckt haben).
Grasfrösche, die seltener im Garten anzutreffen sind, fressen mehr Weichtiere. Um sie anzulocken, ist ein Tümpel, ein Bach oder eine Wassergrube in der Nähe nötig (für die Erdkröte genügt es in 3 km Entfernung), wo sie laichen können.

Glühwürmchen als Weichtierfresser

Die ausgewachsenen Tiere und die Larven sind große Schnecken-, aber auch Nacktschneckenjäger. Sie injizieren ihnen ihre Magensäfte, die die Schnecken verdauen und nehmen anschließend die verflüssigten Schnecken wieder auf. Glühwürmchen verstecken sich unter Mulch aus totem Laub, unter Steinen, Holzhaufen oder in Schneckenhäusern. Leider werden sie immer seltener, da sie vor allem Pestiziden zum Opfer fallen und kaum in neue Gärten vordringen, da die Weibchen keine Flügel haben, die sie zur Fortbewegung nützen könnten.

Nach der Eiablage kehren sie in die Gärten, in denen sie Unterschlupf gefunden haben, in feuchte Wiesen oder moosbewachsene Rasenflächen (mit mehr als 6 cm hohem Gras), zu Hecken und Wäldern, Baumgruppen und mehrjährigen Blumen zurück.
Auch **Molche** und **junge Wasserfrösche** sind vielseitige Nützlinge.

Ein junger Igel in einem Unterschlupf im Garten

Springfrosch

Erdkröte

Ein Bergmolch versteckt sich in einer Endivie.

Gegen Raupen

Die wichtigsten Pflanzenschädlinge unter den Raupen sind solche von nachtaktiven Schmetterlingen (Eulenfalter, Spanner, Motten, Apfelwickler ...) sowie jene von einigen tagaktiven Schmetterlingen (Kohlweißling). Alle Entwicklungsstadien, vom ausgewachsenen Tier bis zur Puppe, werden von zahlreichen Nützlingen gefressen, die meisten jedoch von Vögeln.

Meisen

Sie zählen zu den effizientesten Vögeln, da auf ihrem Speiseplan hauptsächlich Insekten stehen. Die Kohlmeise ist die größte Meise. Sie fängt zahlreiche **Raupen**, vor allem in Bäumen und Sträuchern. Die Blaumeise ist kleiner und leichter und hat es auch auf Rosensträucher und niedrigere Pflanzen abgesehen, wo sie kleinere Beutetiere – darunter zahlreiche **Blattläuse** – fängt. Im Zuge einer Brut fängt ein Meisenpaar mehr als 10.000 Insekten rund um das Nest zur Fütterung der Jungvögel. Im Winter untersuchen die Meisen Obstbäume (Apfelbaum ...) regelmäßig auf überwinternde **Apfelwicklerlarven** (so eliminieren sie in einem Obstgarten mehr als 80 % der Larven), Eier von **Spannern**, **Blattläuse**, junge **Prozessionsspinnerlarven** ... Während der großen Kälteperioden, wo Reif, Schnee und langandauernde Regenfälle die Regel sind, ist es ratsam, ihnen energiereiches Ergänzungsfutter (Sonnenblumenkerne, Meisenknödel) anzubieten.

Meisen akzeptieren fast alle Nistkästen, die man ihnen anbietet. Man sollte mindestens einen für Blaumeisen (Durchmesser des Einfluglochs etwa zwischen 26 und 28 mm) und einen für Kohlmeisen (Durchmesser zwischen 30 und 32 mm) anbringen.

Andere Vögel

Zahlreiche Vögel fressen **Raupen** und andere **Insekten**: Star (frisst vor allem Schnaken- und Schnellkäferlarven), Schwalbe (Schmetterlinge, Fliegen, Käfer, Blattläuse), Grünspecht (frisst sehr viele Ameisen und Raupen), Rotkehlchen, Amsel, Drossel, Spatz, Zaunkönig, Mönchsgrasmücke ...

Fledermäuse

Da sie bei Nacht unterwegs sind, stellen sie die beste Abhilfe gegen nachtaktive Schmetterlinge (**Eulenfalter**, **Apfelwickler**, **Lauchmotte** ...), deren Raupen Schädlinge sind, sowie gegen geflügelte **Blattläuse**, **Schnaken**, **Fliegen**, Mücken und geflügelte **Ameisen** dar – sie fressen jede Nacht mehrere Tausend dieser Insekten und ergänzen so die „Arbeit" der Meisen.
Die am weitesten verbreitete Art in Gärten sowie sogar in Stadtgärten ist die Zwergfledermaus, die gerne tagsüber in Mauer- oder Baumspalten ruht und auch dort nistet. Sie benutzt auch gerne die künstlichen Nistkästen in den Gärten. Im Winter versammeln sich die Fledermäuse in großer Zahl an dunklen, frostgeschützten (etwa 10 °C warmen), feuchten Orten.

Blaumeise (links) und Kohlmeise (rechts)

Zwergfledermaus

Eine Krabbenspinne (*Thomisus*) hat soeben einen Kohlweißling erbeutet.

Nachtfalter, gefangen in einem Netz

Spinnen

Sie sind Fleischfresser und ernähren sich von verschiedensten Insektenarten, vor allem jedoch von jenen, die am häufigsten vorkommen und am einfachsten einzufangen sind. Das sind ausgewachsene Schmetterlinge (**Kohlweißling**, **Eulenfalter** ...), **Fliegen**, Mücken, geflügelte **Blattläuse**, aber auch Bienen, Schwebfliegen und andere. Viele Arten jagen in bodennahen Gebieten oder verstecken sich in Löchern, unter Mulch oder Pflanzen.

Andere verstecken sich unter Laub, wiederum andere spinnen vertikale oder horizontale Netze. Spinnen leisten einen wertvollen Beitrag zur Senkung der Schädlingszahlen im Garten und verdienen strengsten Schutz. Die meisten Arten sterben vor Wintereinbruch und hinterlassen lediglich mit Eiern gefüllte, unter Blättern, in hohlen Halmen von Gartenpflanzen, unter verkehrten Blumentöpfen oder in Nistkästen etc. versteckte Seidenkokons. Diese dürfen nicht zerstört werden, denn daraus schlüpft die nächste Generation.

Raubtiere und Schmarotzer unter den Insekten

Auch Raupen und Puppen werden von zahlreichen Insekten gefressen: von Schlupfwespen (s. S. 28), Moderkäfern (s. S. 33), Laufkäfern (s. S. 33), Wanzen (s. S. 31), aber auch von Bakterien (*Bacillus*) oder Pilzen. Letztlich leben wenige Raupen lange genug, als dass aus ihnen ein ausgewachsener Schmetterling entstünde.

Diese Schlupfwespe legt ihre Eier in eine Schmetterlingspuppe.

Die wichtigsten Nützlinge

	Schädlinge					
Nützlinge	**Milbe**	**Mottenschildlaus**	**Erdfloh**	**Schildlaus**	**Maikäfer (Larve)**	**Blattminimierer**
Raubmilben	🐞					
Spinnen		🐞				
Lauf- und Moderkäfer		🐞	🐞		🐞🐞	
Florfliegen	🐞	🐞		🐞		
Marienkäfer						
Schlupfwespen		🐞	🐞	🐞		🐞🐞
Nematoden					🐞	
Ohrwürmer						
Raubwanzen	🐞🐞	🐞				
Schwebfliegen						

Quelle: Landwirtschaftskammer der französischen Region Pays de la Loire

🐞 Nützling, der potenziell eine geringe Wirksamkeit hat: Er kann den Befall allein nur in den seltensten Fällen im Zaum halten.

🐞🐞 Nützling, der potenziell große Wirksamkeit hat: Er kann den Befall allein im Zaum halten und ihm unter Umständen sogar Herr werden.

Die wichtigsten Nützlinge

	Schädlinge					
Nützlinge	Eulenfalter	Weichtiere	Kohlweißling	Blattlaus	Schnellkäfer	Fransenflügler
Raubmilben				🐞		🐞
Spinnen	🐞		🐞	🐞		🐞
Lauf- und Moderkäfer	🐞	🐞	🐞	🐞	🐞🐞	
Florfliegen	🐞		🐞	🐞		
Marienkäfer				🐞		
Schlupfwespen	🐞🐞	🐞	🐞🐞	🐞	🐞	🐞
Nematoden	🐞	🐞			🐞	
Ohrwürmer				🐞		
Raubwanzen	🐞		🐞	🐞		
Schwebfliegen				🐞🐞		

Ein einladender Garten

Wenn man sich die Nützlinge und ihre Lebenszyklen ansieht, versteht man: Es ist sehr einfach, sie in den Garten zu locken, selbst in einen kleinen Garten mitten in der Stadt. Um die Nützlinge dazu zu bewegen, sich niederzulassen und Schädlinge anzugreifen, müssen ihre Bedürfnisse das ganze Jahr über erfüllt sein: Nahrung muss in all ihren Lebensphasen vorhanden sein (auch wenn zu dieser Zeit keine Blattläuse auf Rosenbüschen oder anderen Kulturpflanzen sitzen), Wasser, Fortpflanzung und Eiablage, Verstecke, Unterschlüpfe für den Sommer sowie Überwinterungsmöglichkeiten müssen vorhanden sein und, was genauso wichtig ist: Es darf keine Lebensgefahr durch falsche Spritzmittel bestehen.

Pflanzenschutzmittel nur wenn nötig und immer mit Vorsicht anwenden

Mit Ausnahme von *Bacillus thuringiensis* (wirkt selektiv gegen Blattläuse) und von Carpovirusine (wirkt selektiv gegen Obstmaden) können alle Pflanzenschutzmittel, selbst wenn es sich dabei um Bio-Produkte handelt, schwere „Kollateralschäden" verursachen. Zwar sind manche „gelinder" als andere (Kaliseife, Schneckenkorn ...), jedoch greifen Breitbandinsektizide (natürliches Pyrethrum, Spinosad, Neem-Produkte – aus den Samenkernen des Neem-Baumes; gegen saugende Insekten) sowohl Schädlinge, gegen die sie eigentlich gedacht sind, als auch Nützlinge an. Auch in Leim- und Bierfallen tappen zahlreiche harmlose Insekten und Nützlinge ...

Nichtstun und die Natur die Probleme lösen lassen funktioniert meistens, wenn der Garten gut angelegt ist und derart gepflegt wird, dass er einladend für Nützlinge wirkt und eine hohe Biodiversität aufweist. Dies funktioniert meistens, vor allem im Kampf gegen Blattläuse. Jedoch geht das nicht immer, nicht jedes Jahr, nicht auf allen Kulturpflanzen und auch nicht gegen alle Schädlinge gut.

Es sollte also nur eingegriffen werden, wenn es wirklich nötig ist, aber auch nur in so geringem Maße wie möglich und nur dort, wo Pflanzen bedroht sind (das betrifft im Wesentlichen Gemüse und empfindliches Obst). Zuerst sollten dabei die harmlosesten und selektivsten Mittel verwendet werden. Bio-Pflanzenschutzmittel sollten erst als letzter Ausweg und nur punktuell zum Einsatz kommen.

Es gilt, die Risiken zu relativieren: Alle Studien in Obstgärten, im Gemüseanbau und in großen Anbaubetrieben zeigen, dass Nützlingsbestände im Bio-Bereich viel größer sind (zwei- bis neunmal größer) als im konventionellen Anbau (wo chemische Produkte verwendet werden).

Blumen ...

... überall, das ganze Jahr über, auch im Gemüsegarten

Die besten Nützlinge im Kampf gegen Blattläuse, Schildläuse, Milben und Mottenschildläuse sind jene mit einem gemischten Speiseplan. Die ausgewachsenen Tiere sind Nektarsammler, die unermüdlich nach Blüten suchen. Ihre Larven sind Nützlinge. Mit Ausnahme von Marienkäfern durchleben Nützlinge mehrere Zyklen (ausgewachsenes Tier – Ei – Larve – ausgewachsenes Tier) im Jahr. Daher benötigen sie das ganze Jahr über Blumen. Am besten platziert man diese in der Nähe der zu schützenden Pflanzen. Die maximale Entfernung zwischen Blumenbeet (für die ausgewachsenen Tiere) und

Attraktive Blumen unter Obstbäumen, rund um den Gemüsegarten oder am Fuße von Rosensträuchern

Beute (für die Larven) beträgt etwa 6 m.[3] Das bedeutet konkret, dass rund um den Gemüsegarten Blumen (mehr-, zwei- und einjährige) ausgesät, gepflanzt und gezogen werden sollten. Auch zwischen den Reihen sowie an beiden Enden dieser, zwischen den Rosenbeeten, am Fuße der Obstbäume, im Obstgarten und in der Nähe von empfindlichen Gartenbäumen etc. sollten diese nicht fehlen. Man sollte das Blumensortiment derart zusammenstellen, dass das ganze Jahr über, nacheinander, immer einige Blumen dabei sind, die blühen.

Die Blüten der gewählten Blumen sollten klein, einfach und flach sein und viel Pollen und Nektar beinhalten. In Studien (zum Beispiel von INRA, Frankreichs nationalem Institut für Agronomieforschung, oder Astredhor) wurden die attraktivsten Frühlings- und Sommerblumen eruiert (s. Tabelle im Anhang).

Auch der Rasen kann zur Heimat von für Nützlinge geeigneten Blumen (Scharbockskraut, Gänseblümchen, Schlüsselblume, Veilchen ...) werden, und das ganz von selbst ohne Eingriffe.

... selbst im Herbst und am Ende des Winters!

Viele Nützlinge (Marienkäfer, Florfliegen, Schwebfliegen) überwintern im ausgewachsenen Stadium. Um der Kälte zu trotzen, müssen sich diese im Herbst Energiereserven anfressen, die sie in spät blühenden Blumen im Garten und in den angrenzenden naturbelassenen Gebieten finden. Dazu zählen zum Beispiel Efeublüten.

Wie man Blumen als Lockmittel verwendet, um Pflanzen vor Schädlingen zu schützen
(Quelle: Astredhor, technisches Institut für Gartenbau in Frankreich):

1 Parzelle ohne Blumen
Ausgewachsene Schwebfliegen (und andere Nützlinge) der ersten Generation, die auf der Suche nach Blüten sind, bleiben nicht bei den Pflanzen, die von Schädlingen befallen sind.

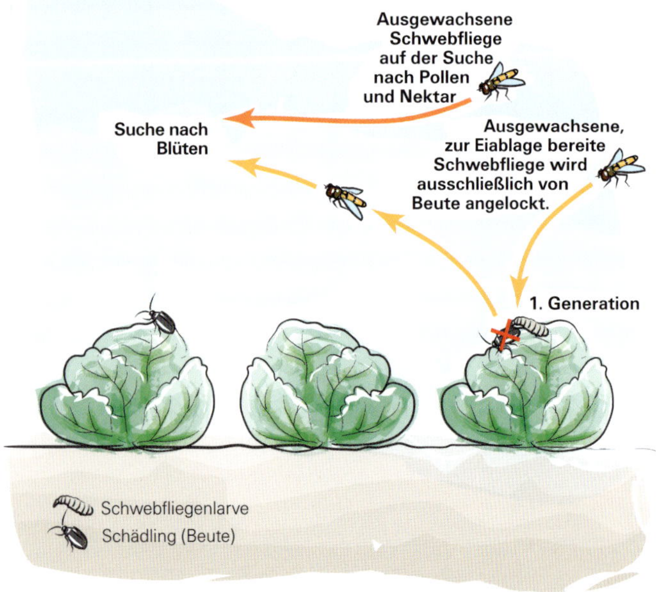

2 Parzelle mit Blumen
Ausgewachsene Schwebfliegen (und andere Nützlinge) der ersten Generation bleiben bei den Pflanzen, solange es genug Beute für ihre Larven gibt.

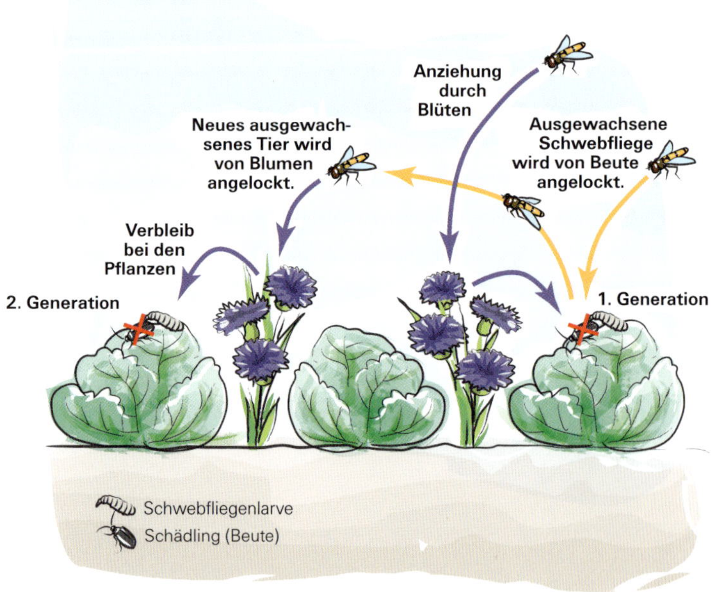

3 Quelle: Astredhor, technisches Institut für Gartenbau in Frankreich

Am Ende des Winters, und oft sogar schon ab Februar, wenn es erste warme, sonnige Tage gibt, machen sie sich auf die Suche nach Blüten, um ihre Reserven aufzufüllen, noch bevor im April die ersten Blattläuse auftauchen. Sie benötigen Haselnuss-, Kornelkirsch-, Weiden- und Scharbockskrautblüten ...

Daher ist es wichtig, diese Pflanzen in den beiden entscheidenden Zeiträumen, im Herbst und zu Jahresbeginn, zur Verfügung zu stellen. Je mehr Nützlinge dem Winter trotzen, desto mehr werden schon sehr früh im darauffolgenden Jahr die ersten Blattläuse und andere Schädlinge im Garten beseitigen.

Zu dieser Jahreszeit blühen noch nicht sehr viele Pflanzen (s. Liste, S. 126–129). Deshalb muss man jene nützen, die tatsächlich blühen, einschließlich der Wildblumen, die wild auf dem Rasen (Scharbockskraut ...), am Fuße von Hecken oder in den nicht mit Stroh bedeckten oder anderweitig gemulchten Teilen des Gemüsegartens wachsen. Sie werden zu Unrecht als „Unkraut" bezeichnet, da sie zu dieser Jahreszeit wirklich sehr nützlich sind.

Unkraut im Gemüsegarten

In meinem Gemüsegarten lasse ich der Entwicklung von Wildblumen im Herbst und am Ende des Winters mit Freude freien Lauf, denn dort sehe ich sehr oft Hummeln, Schwebfliegen, Marienkäfer und Schmetterlinge. Rote Taubnesseln, Vogelmieren, Gänsedisteln, Löwenzahn, Sonnenwolfsmilch, Schaumkräuter, Ruprechtskraut, Ehrenpreis etc. wachsen dort. Ich reiße sie eilig heraus, sobald ich merke, dass sich bald Samen bilden und sobald die blühenden Kulturpflanzen übernehmen können.

Blattläuse auf einem Baldrianzweig

Jeden Tag Beute und „Vermittler"pflanzen

Wenn man alle Blattläuse, Raupen und andere Gartenschädlinge mit nicht-selektiven Pflanzenschutzmitteln tötet – selbst, wenn es sich dabei um Bio-Produkte handelt –, bringt man die Nützlinge um ihr Futter. Sie müssen ständig Beute finden, mit der sie ihre Larven ernähren können. Diese finden sie natürlich auf Rosensträuchern, Obst- oder Gemüsepflanzen (Ackerbohnen, Artischocken ...), jedoch auch auf Pflanzen im Zier- und im Naturgarten.

Zahlreiche Pflanzen sind besonders attraktiv, da sie besondere, nicht schädliche Blattläuse beherbergen und gleichzeitig dank ihren Blüten ausgewachsene Nützlinge anziehen. Das sind Brennnessel, Holunder, Schafgarbe, blaue Kornblume, Baldrian, Kapuzinerkresse, Gerste, Weide, Stieleiche und andere. Diese dienen als „Vermittler"pflanzen, die Nützlinge anziehen und ihr Überleben sichern, wenn sich keine Schädlinge auf den anderen Kulturpflanzen befinden.

Für die Praxis bedeutet das: Dort, wo Blattläuse und andere Insekten keine Probleme bereiten, sollte man so viele von ihnen wie möglich belassen. Je intensiver eingegriffen wird – auch, wenn dies mit Kaliseife

o. Ä. geschieht –, desto weniger Nahrung bleibt den Nützlingen und desto seltener sind diese in der Lage, eine neuerliche Ausbreitung von Blattläusen und anderen Insekten einzudämmen. Es ist besser, eine Aufwärtsspirale zu beginnen: möglichst selten und ausschließlich dann eingreifen, wenn viel auf dem Spiel steht; ansonsten die Nützlinge alleine ihre Reinigungs- und Überprüfungs„arbeit" machen lassen.

Mulch und ganzjährig zugängliche, natürliche Unterschlüpfe

Zahlreiche Nützlinge suchen unter Mulch, der aus Pflanzenabfällen aus dem Garten besteht, Zuflucht:

- tagsüber vor Licht, Trockenheit und Hitze (Laufkäfer, Moderkäfer, Glühwürmchen, fleischfressende Tausendfüßler, Kröte, Spitzmaus ...)
- im Sommer vor der sengenden Hitze
- im Winter zur Überwinterung (Siebenpunkt-Marienkäfer, Schwebfliegen, Laufkäfer ...)

Die besten Mulche bestehen aus luftigen Pflanzenabfällen (bessere Isolierung und Entwässerung), sind durchlässig (damit Nützlinge darin herumkriechen können) und verrotten nicht zu schnell. Totes Laub, trockenes Gras, Reisig und trockene Blumenstängel, die grob mit dem Rasenmäher zerkleinert wurden, eignen sich bestens. Gewelltes Eichenlaub ist ideales Material, auch für Igelunterschlüpfe.

Ergänzend zum Mulch sollten hier und da am Boden, unter Hecken, geschützt vor Sonne, Wind und Kälte, große Haufen aus totem Laub (vor allem von Eichen), Ästen und Holz (mindestens 1 m Länge und Breite), Holzbretter (im Gemüsegarten, damit man die Erde beim Gehen nicht zusammendrückt), Reisigbündel und größere Steine platziert werden. Es sollte vermieden werden, diese Dinge (mit Ausnahme der Bretter) zu nahe am Gemüsegarten zu platzieren, da diese Unterschlüpfe

Ein Siebenpunkt-Marienkäfer überwintert unter feuchtem Laub.

Rückzugszone im Garten – ein einfacher ungemähter Flecken um einen Baum

auch von Feldmäusen, Wühlmäusen, Nacktschnecken oder Schnecken genützt werden. Als Unterstützung, aber nicht unerlässliches Element, können spezifische Unterschlüpfe aufgestellt werden: Überwinterungsplätze für Marienkäfer und Florfliegen, Unterschlüpfe für Igel und Wiesel, bedeutende Jäger von Feld- und Wühlmäusen.

Speicherzonen und Rückzugsgebiete richtig pflegen

Nichts geht über eine dichte Hecke aus Sträuchern oder Bäumen, die von hohen Gräsern oder mehrjährigen Blumen gesäumt wird, wenn es darum geht, viele verschiedene Nützlinge anzulocken und ihnen Schutz zu bieten. Es sollten so viele verschiedene einheimische Bäume, Sträucher, Gräser und Blumen wie möglich dabei sein, da diese ansprechender und vorteilhafter sind (s. Liste S. 126–129). Dennoch sollten Gartenpflanzen und Exoten nicht vernachlässigt werden, die nicht nur Gärtnern Freude bereiten, sondern auch Pollen, Nektar, Früchte und Unterschlüpfe bereithalten. Forsythien etwa beheimaten zahlreiche Nützlinge.

Man sollte Efeu auf Bäumen oder am Boden am Fuße von Hecken wachsen lassen (wegen seiner Blüten, Stängel und immergrünen Blätter). Von Efeu profitieren die Nützlinge (Insekten, Vögel ...) viel mehr als von allen künstlichen – selbst gebauten oder gekauften – Unterschlüpfen und Insektenhotels. Wenn es die Gartengröße erlaubt, sollte eine natürliche Blumenwiese oder ein einfacher begrünter, nicht gemähter Streifen, ein „Brachland" mit Blumen, ein Unterholz, das mit totem Laub bedeckt ist, ein Dornengestrüpp o. Ä. angelegt werden. Diese Reservezonen sollten nicht zu oft oder mit zu drastischen Maßnahmen bearbeitet werden. Vorsicht mit Freischneidern und Motorsensen mit Fäden, Fräsen und Rasenmähern mit zu niedrig eingestelltem Mähwerk. Der Rasen sollte mit hoher Einstellung von 6 oder sogar 10 cm gemäht werden. Moos und

Efeu ist als Nahrungsquelle, Herberge und schützender Unterschlupf für Nützlinge unverzichtbar. Wer um seine Bäume Angst hat, sollte den Efeu auf eine Höhe von 2 m stutzen (Garten der Burg *Le Rivau* im Loiretal).

Kleine Wieseninseln im Obstgarten

Hecke und Blühstreifen rund um den Gemüsegarten

Wildpflanzen an schattigen Stellen (Scharbockskraut, Gundermann ...) sollten nicht entfernt werden.
Wenn möglich sollte ein Teil der Wiese eine Schnittwiese sein, die viel besser für Nützlinge geeignet ist. Idealerweise sollte eine solche Schnittwiese mit Blumen möglichst nicht öfter als alle zwei Jahre oder immer nur am Ende des Winters gemäht werden.
Beete mit ein- und mehrjährigen Blumen – genauso wie Wiesen – sollten nicht im Herbst gemäht werden.
Man sollte Stängel und trockene Blüten den Winter über stehen lassen, da diese für zahlreiche Nützlinge wie Laufkäfer, Schwebfliegen, Moderkäfer, Amphibien, Spinnen (Kokons), Spitzmäuse und viele andere einen idealen Unterschlupf darstellen. Außerdem sind Blumensamen ein ideales Winterfutter für zahlreiche Tiere, wie etwa Stieglitze. Diese Bereiche sollten ab März gereinigt werden. Außerdem sollte verstärkt gemulcht werden.
In einem großen Garten lassen sich Rückzugsflächen leichter einrichten, jedoch ist das auch auf einem kleinen Stück Blumenwiese am Fuße von Bäumen im Obst- oder Gemüsegarten, am Rand einer Hecke oder in einer Mischung aus günstigen Wild- und mehrjährigen Blumen auf Plastikfolie etc. möglich. Man kann der Fantasie hier freien Lauf lassen.

Nistkästen und Insektenhäuser

Gibt es keine alten, hohlen Bäume oder alte Bauten mit Mauern aus Lehm oder aus Ziegeln mit unverspachtelten Zwischenräumen, müssen unbedingt Nistkästen für Vögel (Meisen ...) und kleine Fledermäuse bereitgestellt werden. Man kann dabei zwischen vielen verschiedenen Modellen aus Holz oder Holzbeton wählen.
Für solitäre Wespen stellt man Reisigbündel aus Zweigen von Rosen- oder Brombeersträuchern bereit (s. *Pemphredon*, S. 30) und fertigt Unterschlüpfe aus hohlen Zweigen an (Bambus, Deutzien, Holunder), die man im Garten in der Nähe der zu schützenden

Brutkasten für Meisen

Kleine Insektenhütte. Bescheiden, aber effektiver als ein großes „Hotel“

Pflanzen (Gemüsegarten, Rosensträucher, Obstbäume) verteilt. Diese Unterschlüpfe sind auch für Solitärbienen geeignet, die besonders wichtige Bestäuber sind. Insektenhotels sollten vermieden werden, da diese kaum genutzt und oftmals von Spinnen „besetzt" werden. Kleine, einzelne Häuschen eignen sich besser.

Insektenhäuser
Dafür sollten Reisigbündel aus hohlen Zweigen (Bambus, fest und langlebig, Holunder, Deutzie) mit einem Durchmesser von 3 bis 7 mm in Behälter gesteckt werden (Konservendosen, Behälter für Dachhaken ...), um sie vor Regen zu schützen. Diese bieten kleinen Schlupfwespen (für Menschen ungefährlich) sowie Solitärbienen, die besonders gute Bestäuber sind, einen Platz zur Eiablage.

Wasser rund um die Uhr

Tiere trinken es, waschen sich damit und einige benötigen es auch zum Bauen von – unter anderem – Nestern (solitäre Wespen und Bienen, Vögel). Sie kommen mit dem Morgentau aus, jedoch fehlt dieser an besonders heißen Tagen. Man sollte daher mit Wasser gefüllte Schälchen im Garten aufstellen und es mindestens alle zwei Tage wechseln. Ein kleiner Tümpel oder ein feuchter, moosbewachsener Rasen sind ein Paradies für Amphibien.

Das Wasser sollte regelmäßig gewechselt werden.

Rosmarin-Blattkäfer

Schädlinge: Steckbriefe und geeignete Bekämpfungsmethoden

- Die wichtigsten Schädlinge im Gemüsegarten
- Die wichtigsten Schädlinge im Obstgarten
- Die wichtigsten Rasenschädlinge
- Die wichtigsten Schädlinge: Bäume, Sträucher und mehrjährige Zierpflanzen

Die wichtigsten Schädlinge im Gemüsegarten

Allgemeine Schädlinge

Diese greifen eine Vielzahl von Gemüse-, aber auch Obst- und Gartenpflanzen an.

Wühlmaus und Feldmaus

Feldmäuse sind groß und können hoch springen. Wühlmäuse hingegen können nicht springen und zeichnen sich durch ihre kleinen Ohren und ihren kurzen Schwanz aus.

Die Große Wühlmaus ist die größte und gefährlichste Wühlmaus. Sie baut Erdhügel, deren Eingänge schräg liegen, im Gegensatz zu jenen von Maulwurfshügeln, die vertikal verlaufen.
Diese Nagetiere graben unterirdische Gänge oder benutzen die der Maulwürfe. Sie greifen Wurzeln und Wurzelhals zahlreicher Gemüsepflanzen, wie Karotte, Endivie, Mangold, Sellerie, Rübe, Kartoffel, Lauch etc., aber auch die Wurzeln von Obstbäumen an (s. S. 78).
In manchen Jahren vermehren sie sich stark. Sie schätzen Grünflächen und Wiesen und es scheint, als würden die Wühlmäuse im Winter – besonders in kälteren Regionen – von Mulch angelockt (ich selbst habe das in meinem Garten jedoch nicht festgestellt).

Feldmaus

Von Feldmäusen zerfressene Sellerieknolle

— Vorbeugende Maßnahmen

- Fressfeinde fördern: Wiesel (Holzhaufen, große Steine etc.), Eule, Turmfalke (Sitzstangen in der Nähe des Gemüsegartens, Nistkästen für Eulen), Katzen als Jäger (auch, wenn diese manchmal Jungvögel erbeuten). Füchse fressen besonders viele Wühlmäuse (ihr wichtigstes Beutetier).
- Wurzelgemüse in einer Miete, im Keller oder in der Erde mithilfe einer Waschmaschinentrommel schützen.
- Kein hohes Gras rund um den Gemüsegarten wachsen lassen, regelmäßig mähen und Gras sowie potenzielle Unterschlüpfe und Futterquellen für Schädlinge entfernen.
- Oberflächliche Gänge mit einer Zinkenhacke, Spatengabel oder mit einer Bio-Doppelgrabegabel zerstören.
- Rizinuspresskuchen, einen organischen, als Abschreckungsmittel wirkenden, toxischen Bodenzusatz, verteilen und ihn sofort 10 cm tief im Boden verscharren, damit er für Haustiere (für diese sehr giftig) und Kinder unerreichbar ist. Rizinuspresskuchen wird durch Erwärmung unwirksam, was seine Toxizität und damit das Vergiftungsrisiko senkt. Heute ist dieses Mittel gegen Schädlinge wenig effektiv.
- Frische Holunderzweige, die in die Gänge gesteckt werden, haben eine leicht abschreckende Wirkung.

— Bekämpfende Maßnahmen

- Fallenstellen (s. S. 124).

Ameise

Siehe S. 73.

Wurzelbohrer

Deren Raupen werden oft mit Engerlingen (Maikäferlarven, s. S. 82) verwechselt. Oft auch als Kleine Hopfenwurzelbohrer bezeichnet, machen diese von sich reden, wenn sie im Frühling die jungen Salatpflänzchen angreifen und ihren Wurzelhals, also die bauchige Stelle zwischen Wurzeln und Pflanzenstängel, aus der die Blätter sprießen, angreifen. Von außen ist der Befall nicht sichtbar, bis die Salatpflanzen, die keinen Saft mehr bekommen, zu welken beginnen. Die Raupe verlässt dann das Pflänzchen, um sich entweder über das nächste herzumachen oder sich zur Metamorphose im Boden einzugraben. Diese Larve greift viele Wild- und Kulturpflanzen an. Sie ist an ihrer Kraft, ihrer Schnelligkeit und ihrem kleinen, braunen Kopf und langen, weißen, relativ dünnen Körper erkennbar. Der weibliche Schmetterling legt seine Eier zu Sommerbeginn mitten im Flug.

— Vorbeugende Maßnahmen

Keine.

— Bekämpfende Maßnahmen

- Die jungen Salatpflänzchen mit einer kleinen Handschaufel bei den ersten Anzeichen des Welkens

Wurzelbohrerraupe

ausgraben und die Raupe aus dem Wurzelhals entfernen. Am besten sofort zerquetschen, bevor sie flüchtet und ein anderes Salatpflänzchen im Beet befällt. Man sollte sich möglichst leise anschleichen, da die Raupe Geräusche und Vibrationen im Boden sehr gut wahrnimmt.

- In befallenen Gärten sollte man möglichst früh im Frühjahr Nematoden (*Heterorhabditis bacteriophora, Steinernema feltiae*) einsetzen (s. S. 105).

Kaninchen

Diese Tierchen sind freundlich und lustig, jedoch geradezu versessen auf Kohl, Bohnen, Zwiebeln, Salat, Melde ... (Kartoffeln und Tomaten greifen sie nicht an). Kaninchen und Gemüsegärten schließen einander aus.

— Vorbeugende Maßnahmen

- Den Gemüsegarten einzäunen. Der Zaun sollte mindestens 60 cm hoch und feinmaschig (2 cm Maschenweite) sein, um auch junge Kaninchen draußen zu halten.
- Ein Abschreckband um empfindliche Pflanzen spannen (s. S. 125).
- Ein Vogelschutznetz um attraktive Pflanzen spannen (s. S. 122).
- Ein Abschreckungsmittel für Hasen und Kaninchen rund um die Pflanzen verteilen oder eine Schnur spannen, die mit einer Mischung aus Blut, zermahlenem Horn, Pfeffer, Mineral- und Fischöl getränkt ist (s. S. 125).

— Bekämpfende Maßnahmen

Im Garten nur schwer umsetzbar.

Maikäferlarve (Engerling)

Siehe S. 82.

Eulenfalterlarve (Erdraupe)

Eulenfalterlarven sind Raupen (oft zusammengerollt, dunkel, in jungem Alter hellgrün) verschiedener Eulenfalterarten (nachtaktive Schmetterlinge). Sie greifen zahlreiche Gemüsepflanzen an. Die Raupen bestimmter Arten vernichten Blätter (Gammaeule, Kohleule ...) und fressen Keimlinge, Blätter und Stängel (Kohl, Spinat, Mangold, Mais ...). Andere Larven sind Bodentiere (Erdraupen), leben auf und unter der Erde und greifen die Wurzeln von Gemüsepflanzen an (Salat, Endivie, Spinat, Kartoffel ...). Sie sind meistens nachtaktiv und verstecken sich tagsüber unter Pflanzen, im Boden oder in den Kohlköpfen und -blüten. Sie markieren ihren Weg oft mit schwarzem oder grünlichem Kot.

— Vorbeugende Maßnahmen

- Nicht alle organischen Materialien vergraben (Kompost, Mist, Gründünger, Pflanzen, Mulch).
- Auf Feinde der Eulenfalter setzen: Laufkäfer, Spitzmäuse, Vögel (Amsel ...), Fledermäuse, räuberische und

Eulenfal-
terlarve

Eine andere, braune Eulenfalterlarve

schmarotzende Insekten (Brack- und Schlupfwespe), Spinnen, wenn möglich auch Amphibien und Igel.

◗ Überwinternde Raupen und braune Kokons (Puppen) bei der Vorbereitung des Bodens am Ende des Winters entfernen.

◗ In der Nähe des Gemüsegartens attraktive Adventivpflanzen (Ampfer, Löwenzahn, Kletten, Wegerich, Distel ...) wachsen lassen, um die Raupen von den Gemüsepflanzen abzulenken und gleichzeitig die Entwicklung der Nützlinge zu fördern.

◗ Mulchen.

— Bekämpfende Maßnahmen

◗ Welke Pflanzen ausreißen, um die Erdraupen zu entfernen (s. Wurzelbohrer, S. 51).

◗ Die Pflanzen in der Nacht auf Raupen hin untersuchen und diese mithilfe einer Pinzette entfernen.

◗ Raupen suchen und diese zerstampfen.

◗ Abends Bt (s. S. 107) gegen junge, blätterfressende Eulenfalterraupen aufsprühen.

◗ Abends Pyrethrum (s. S. 115) aufsprühen, falls Bt keine Wirkung zeigt, was vor allem bei älteren Raupen der Fall sein kann.

◗ In befallenen Bereichen Nematoden (*Steinernema carpocapsae*, s. S. 105) gegen am Boden lebende Eulenfalterlarven einsetzen.

◗ Momentan (2017) ist Spinosad (s. S. 117) gegen Eulenfalterlarven zugelassen.

Schnakenlarve (Erdraupe)

Siehe s. 83.

Nacktschnecken und Schnecken

Diese Weichtiere stellen das Hauptproblem im Zier- und im Gemüsegarten dar, da sie Blumen, Gemüsepflanzen, Sträucher etc. angreifen. Sie fressen aufkeimende Samen, Wurzeln, Keimlinge und junge Pflanzen

Von Eulenfalterlarven zerfressenes Mangoldblatt

Rote Wegschnecke

und vorrangig oftmals versetzte Pflanzen. Im Garten bestehen mehrere Nacktschneckenarten nebeneinander. Die Große Rote Wegschnecke (*Arion rufus*) kommt häufiger in der Nähe von bewaldeten Flächen und Hecken vor. Die Garten-Wegschnecke (*Arion hortensis*) kommt sehr häufig vor und lebt eher im Boden, wo sie Wurzeln (Seitenwurzeln, Karotten, Kartoffeln) und Keimlinge beschädigt. Die Genetzte Ackerschnecke (*Deroceras reticulatum*) lebt vorwiegend an der Erdoberfläche.

Weichtiere sind nicht die einzigen, die Blätter fressen. Im Gegensatz zu den Raupen hinterlassen sie jedoch eine glänzende Schleimspur auf ihrem Weg. Im Zweifelsfall sollte man die Pflanzen bei Einbruch der Nacht oder im Morgengrauen untersuchen.
Um ihre Ausbreitung zu verhindern, sollten alle verfügbaren vorbeugenden und kurativen Maßnahmen gleichzeitig und ganzjährig eingesetzt werden.

Schnecke, die sich aus einer Kartoffel frisst.

Gefleckte Weinbergschnecken

Die ökologische Rolle von Weichtieren
In der Natur sind Nacktschnecken und Schnecken zugleich Pflanzenfresser, Pilzfresser und Wiederverwerter. Sie tragen – so wie viele andere Destruenten, die Zellulose zersetzen – zur Verwertung toter Pflanzen bei. Bestimmte Nacktschnecken verwerten sogar Tierkadaver – auch jene von Artgenossen. In Gärten und vor allem in Gemüsegärten wird diese positive Seite ihrer ökologischen Aktivität jedoch größtenteils von ihrem Appetit für Samen, Keimlinge, Wurzeln, Stängel, Blätter etc. überschattet. Sie können zahlreiche Kulturpflanzen in Rekordzeit zerstören und so all Ihre Bemühungen zunichtemachen und Ihnen Ihr gutes Gemüse wegfressen. Hier gibt es keine Kompromisse: Entweder der Garten oder die Schnecken.

– Vorbeugende Maßnahmen

◗ Auf die vielen kleinen, natürlichen Fressfeinde der Weichtiere setzen. Hier sollte man vor allem Lauf- und Moderkäfer (diese sind am effizientesten), Drosseln, Amseln und - wenn möglich - Glühwürmchen, Igel und Amphibien (s. S. 34) einsetzen.

◗ Das Besprengen am Abend vermeiden. Vorzugsweise sollte morgens oder am späten Nachmittag, damit Blätter und Boden bis zum Einbruch der Nacht trocknen, oder mit einem dickeren Wasserstrahl am Fuße der Pflanzen gegossen werden.

◗ Bei feuchtem Wetter sollte nicht mit frischen, schmackhaften Materialien (frisch geschnittenes Gras, Gemüsereste ...) gemulcht werden. Es sollte mit rauem und trockenem Material (totes Laub und trockene, zerkleinerte Zweige etc.) gemulcht werden.

◗ Keine empfindlichen Pflanzen in der Nähe von möglichen Unterschlüpfen für Weichtiere (Trockenmauern, Holz- und Komposthaufen, Wiesen, Bäche) setzen. Zwischen solchen Orten und empfindlichen Pflanzen sollte ein ausreichender Abstand (einige Meter) herrschen. Die Fläche sollte gut gepflegt werden und freigeräumt sein (regelmäßiges Mähen und Mulchen mit totem Laub oder zerkleinertem Reisig ...).

◗ Unempfindliche Pflanzen setzen.

◗ Hürden und Barrieren gegen Nacktschnecken verwenden (s. S. 119).

◗ Die Erde im Frühjahr und im Herbst an warmen, sonnigen und trockenen Tagen oberflächlich mit einer Zinkenhacke bearbeiten, um sie auszutrocknen und so Eier und junge Nacktschnecken zu töten (vor allem die Garten-Wegschnecke).

◗ Beim Umgraben keine großen Klumpen hinterlassen. Diese dienen den Weichtieren als Unterschlupf.

◗ Darauf achten, dass die Erde körnig bleibt. Körnige Erde ist viel unangenehmer für Nacktschnecken als dichte und klumpige.

◗ Die Erde vor der Aussaat oder der Bepflanzung aufwärmen (mithilfe einer schwarzen Plane oder eines Plastiktunnels), damit Pflanzen schneller und besser aufkeimen und anwurzeln.

– Bekämpfende Maßnahmen

◗ Fallen stellen: Holzbretter, flache Ziegel, dicker Karton oder eine umgedrehte Grapefruithälfte ... Darunter suchen die Nacktschnecken Zuflucht. Wenn man die Fallen dann umdreht, kann man die Nacktschnecken einsammeln oder sie mit einem scharfen Messer zerschneiden. Bierfallen (s. S. 121) sollte man meiden.

◗ Schneckenkorn (Eisen-III-Phosphat, s. S. 120) in befallenen Parzellen vor der Aussaat und der Bepflanzung verteilen, damit das Produkt lange genug einwirken kann. Die empfohlene Dosis nicht überschreiten.

◗ Es existieren bereits spezielle Nematoden gegen Schnecken (*Phasmarhabditis hermaphrodita*), die in der Schweiz zugelassen, in Deutschland und Österreich allerdings noch nicht zugelassen sind.

Mulchen = Nacktschnecken?
Treten Nacktschnecken häufiger unter Mulch auf? Auf den ersten Blick scheint das der Fall zu sein, da sie sich gerne dorthin zurückziehen. In Wahrheit ist das jedoch nicht bewiesen. Finden Nacktschnecken keinen Mulch, graben sie sich ein und scheinen verschwunden. Dies gilt vor allem für Garten-Wegschnecken. Wenn man Bretter auf den Boden legt, verstecken sie sich darunter. Doch behauptet niemand, dass Bretter Nacktschnecken anziehen! Mulch ist wie Bretter: Er erlaubt es Schnecken – die deshalb jedoch nicht mehr werden – die mühevolle Grabarbeit zu umgehen. Genau das Gegenteil erweist sich hier als zutreffend: Unter dem Mulch siedeln sich rasch natürliche Fressfeinde der Nacktschnecken (beispielsweise Laufkäfer, Moderkäfer, Roter Weichkäfer ...) an und fressen sie. Ein einziger Umstand scheint Nacktschneckenbefall zu begünstigen: Mulch aus frischem Abfall (frisch gemähtes Gras, frisches Gemüse). In trockenem Zustand hat dieser Abfall nicht dieselbe Anziehungskraft.

Garten-Wegschnecken

Eine schützenswerte fleischfressende Nacktschnecke: die Graugelbe Rucksackschnecke (*Testacella haliotidea*)
Dabei handelt es sich um eine relativ große Nacktschnecke mit gelb- bis cremefarbener Haut, die von zwei tiefen Falten durchzogen ist. Sie besitzt ganz hinten auf ihrem Körper ein kleines, flaches, rundes Gehäuse, ist kaum klebrig und zieht sich bei Berührung stark zusammen. Ihre Besonderheit: Sie frisst Fleisch. Sie liebt Regenwürmer, die in Bio-Gärten häufig vorkommen (dies hat jedoch keine negativen Auswirkungen auf die Regenwurmpopulation), verschmäht jedoch pflanzenfressende Nacktschnecken ebenso wenig, was sie zu einer interessanten Verbündeten macht. Diese Art ist im deutschsprachigen Raum äußerst selten, sie kommt in geringem Ausmaß lediglich in Westdeutschland vor, ansonsten ist sie im Mittelmeerraum verbreitet.

Nacktschnecken, die unter Brettern aufgestöbert werden, sollten möglichst zerschnitten werden.

Schnecken fängt man am besten mit Unterschlüpfen wie runden Ziegeln oder Brettern.

Eine Seltenheit: eine ausgestreckte Graugelbe Rucksackschnecke

Vögel

Bestimmte Arten (Taube, Dohle, Krähe) können schwere Schäden anrichten. Sie greifen große Samen, die gerade aufkeimen, junge Triebe und sogar ausgewachsene Pflanzen wie Kohl, Salat, Erbse, Mais etc. an. Amseln bevorzugen kleine Früchte (Kirsche, Erdbeere, Himbeere, Schwarze und Rote Johannisbeere) vor allem zu Saisonbeginn und in trockenen und heißen Frühjahren, da sie das Wasser aus den Früchten trinken.

— Vorbeugende Maßnahmen

- Beerensträucher in die Hecken pflanzen, um die Vögel dazu zu bewegen, wilde Beeren zu fressen.
- Wasser anbieten, das die Vögel trinken können. Dieses regelmäßig wechseln.
- Vogelschutznetze (s. S. 122) über den zu schützenden Pflanzen anbringen (Erdbeeren, junger Kohl, Salat ...).
- Ein Abschreckband spannen (s. S. 125).

— Bekämpfende Maßnahmen

Im Garten keine.

Blattläuse

In Gärten sind mehrere hundert Arten, die Kulturpflanzen angreifen, anzutreffen. Glücklicherweise richten jedoch die wenigsten ernsthafte Schäden an. Bestimmte Arten fressen nur eine Pflanzenart (Mehlige Kohlblattlaus ...), andere wiederum greifen zahlreiche Gemüse- und andere Pflanzen (Schwarze Bohnenlaus) an. Diese Insekten stechen die Pflanzen mit ihrem Mundstachel (zu dem sich der Mund entwickelt hat) an und saugen den austretenden Saft auf. Blattläuse in großer Zahl können Pflanzen schwächen und ihr Wachstum behindern.

Fast alle Arten verbringen den unwirtlichen Winter als Eier, die auf Pflanzen oder im Boden abgelegt werden. Im Frühjahr schlüpfen weibliche Blattläuse und bilden neue Kolonien.

Felsentaube

Mehlige Kohlblattläuse

Diese pflanzen sich ungeschlechtlich (ohne Männchen) mittels Parthenogenese fort, indem sie direkt ausschließlich weibliche Blattläuse „gebären". Diese haben im Normalfall keine Flügel, jedoch finden sich unter ihnen einige geflügelte Individuen, die es erlauben, neue Pflanzen zu kolonisieren. Im Herbst entstehen auch Männchen, die die geschlechtliche Fortpflanzung ermöglichen, auf welche die Eiablage folgt.
Die Entwicklung der Blattlauskolonien kann blitzschnell passieren, wenn aphidivore (blattlausfressende) Nützlinge in zu geringer Zahl vorhanden sind. Ausschließlich dieser Fall rechtfertigt ein Einschreiten, um die Verbreitung der Blattläuse aufzuhalten. Andernfalls, wenn einige Blattläuse auf geerntetem Gemüse (Salat, Artischocken) bemerkt werden, reicht es, das Gemüse mit Essigwasser abzuwaschen, um die Blattläuse zu eliminieren.

— Vorbeugende Maßnahmen

◗ Übertriebenes Düngen mit Stickstoff und Kalium vermeiden, selbst wenn es sich um organische Stoffe oder Kompost handelt.

◗ Nützlinge und ihr Überleben im Winter fördern, damit diese bei Frühlingsbeginn so früh wie möglich aktiv werden können, um die Ausbreitung der Blattläuse einzudämmen (s. S. 11). Vor allem sollten zahlreiche Blumen rund um den Gemüsegarten gepflanzt und von Blattläusen befallene „Vermittler"pflanzen (Kamille, Kapuzinerkresse, Fingerhut, s. S. 43) geduldet werden. Normalerweise sind diese beiden Schritte ausreichend.

— Bekämpfende Maßnahmen

Diese sind nur gerechtfertigt, wenn junge Pflanzen befallen sind oder wenn es sich um besonders gefährliche Arten, wie die Mehlige Kohlblattlaus, handelt. In diesem Fall sollte, wenn möglich, mit „sanften" Methoden begonnen werden (am Anfang der unten stehenden Liste) und nur dann auf „härtere" Bio-Insektizide zurückgegriffen werden, wenn die Plage nicht mit sanften Mitteln gestoppt werden kann.

◗ Blattläuse mit einem Wasserstrahl von den Pflanzen waschen (Gartenschlauch oder Sprühdüse).

◗ Blattläuse mit der Hand zerquetschen.

◗ Kaliseife (s. S. 116).

◗ Wenn nötig, ein pflanzliches Insektizid auf Pyrethrum-Basis (s. S. 115) verwenden.

Maulwurf

Siehe S. 84.

Schnellkäfer („Drahtwürmer")

Die Larven von Schnellkäfern (schwarze Käfer verschiedenster 1 cm langer Arten) sind fadenförmig, bis zu 2 cm lang und gelb mit einem dunkleren Kopf. Sie vermehren sich schnell in neu angelegten Gemüsegärten, die auf ehemaligen Rasenflächen, Wiesen oder Brachen entstanden sind, vor allem, wenn Pflanzen vergraben wurden. Sie dringen in die Wurzeln verschiedenster Pflanzen ein (Kartoffel, Karotte, Mais, Salat, Bohne, Erbse ...). Kohl und andere Kreuzblütler bleiben generell verschont. Die Eiablage findet im Boden statt (in 10 cm Tiefe) und wird durch feuchte Böden, die reich an nicht zersetztem, organischem Material sind, begünstigt. Je nach Art bleiben die Larven bis zu vier Jahre lang im Boden.

— Vorbeugende Maßnahmen

◗ Keine Pflanzenreste, noch nicht zersetzten Dung oder noch nicht reifen Kompost vergraben.

◗ Zwei Jahre nach Urbarmachung eines Rasens nur unempfindliches Gemüse wie Senf, Speiserüben oder Radieschen ziehen. Kein empfindliches Gemüse ziehen.

◗ Gegen die Bodenübersäuerung vorgehen (Kalkung, Holzasche ...).

◗ Nützlinge (s. S. 11) wie Tausendfüßler, Laufkäfer, Vögel (Amsel), Spitzmaus und wenn möglich, Kröte und Igel, fördern. Maulwürfe fressen vor allem Regenwürmer und sind daher keine effizienten Nützlinge.

◗ Pheromonfallen aufstellen, um die Flugrouten der ausgewachsenen Tiere festzustellen, und im Juni die Erde bearbeiten, um die Eier zu zerstören. Auf Ebene des Gartens zerstören Fallen in großer Zahl, die oft in Verbindung mit Pheromonen (sehr teuer) empfohlen werden, nicht genügend ausgewachsene Tiere, um die Anzahl der Eier zu verringern.

— Bekämpfende Maßnahmen

◗ Bei der Vorbereitung des Bodens im Frühjahr (bei der eine Grabegabel verwendet werden sollte, bei der man sich nicht bücken muss) die Larven auf der Bodenoberfläche einsammeln und mit den Fingernägeln oder einem Stein zerquetschen.

◗ Die Erde im Mai und im Juni 10 cm tief aufscharren (bei trockenem und warmem Wetter), um die Eier und die jungen Larven durch Austrocknung zu töten.

Kartoffel als Falle für Schnellkäferlarven

◗ Die Larven mit halbierten Kartoffeln oder Karotten in die Falle locken. Diese Methode ist nur begrenzt wirksam.

◗ Neempresskuchen oder Riszinuskuchen (s. S. 51) verteilen. Dies verringert die Überlebenschance der Eier der Schnellkäfer. Das Gießen mit Farnjauche hingegen hat sich nicht als effektiv erwiesen[4].

Schädlinge der verschiedenen Gemüsesorten

Artischocke: Schwarze Bohnenlaus

Diese ist der wichtigste Schädling, der Artischocken angreift. Sie frisst vor allem Stängel, Blätter und Köpfchen.

— Vorbeugende Maßnahmen

◗ Auf Nützlinge setzen (Schwebfliege, Marienkäfer, Blumenwanzen), indem man Frühlingsblumen in der Nähe der Artischocken setzt: So werden die Nützlinge bereits ab Beginn des Befalls aktiv.

◗ Mit totem Laub mulchen.

— Bekämpfende Maßnahmen

Fast nie nötig, sofern der Garten die Ansiedlung von Nützlingen fördert.

Karotte

Möhrenfliege (und ihre Larven)

Sie ist der wichtigste Karottenschädling und befällt auch Sellerie, Wilde Möhre und manchmal auch Pastinake und Petersilie. Die Flugzeiten dieser Fliege sind in Form von aufeinanderfolgenden Wellen auf die Monate April bis Ende Oktober verteilt. Sie fliegt immer in Bodennähe und am liebsten abends. Sie sucht sich

4 Quelle: ITAB (Technisches Institut für biologische Landwirtschaft in Frankreich)

die Karotten zuerst nach Blattfarbe und dann, sobald sie darauf gelandet ist, nach Geruch aus. Anschließend legt sie ihre Eier auf der Erde in der Nähe der Karotte ab. Die jungen Larven (Maden) dringen in die Wurzeln ein und graben dort oberflächliche Gänge.
Innerhalb eines Jahres leben zwei bis drei Generationen. Die letzten Larven (Puppen) überwintern im Boden unter den Karotten.

— Vorbeugende Maßnahmen

Die Reihen ab dem Zeitpunkt des Aufkeimens bis Ende Oktober mit einem Insektenschutznetz (s. S. 118) abdecken. Das ist die effektivste Lösung (die im Handel erhältlichen 60 cm hohen, vertikalen Abdeckungen sind unwirksam, da sie nicht hoch genug sind).

- Fruchtfolge betreiben. Diese ist unerlässlich, um neuerlichen Befall im darauffolgenden Jahr zu vermeiden.
- Wilde Möhren in der Nähe des befallenen Gemüsegartens entfernen.
- Wenn keine Netze verwendet werden, sollte zwischen den Reihen mit stark riechenden Pflanzen (Wermut, Salbei, Koriander, Weinraute, Rainfarn, Majoran, Melisse etc.) gemulcht werden, um die Eiablage der Fliege zu erschweren und zu stören.
- Sehr früh im Februar (frühe Sorten, wie 'Touchon'), unter einem Glasdach, um Verunreinigungen zu vermeiden, mit der Aussaat beginnen oder – im Gegensatz dazu – erst nach dem 15. Juni (nach dem ersten Flug der Möhrenfliege) aussäen.
- Eine weniger empfindliche Sorte, wie 'Flyaway', 'Rothild' oder 'Tilques', anbauen, damit der Befall etwas reduziert wird.
- Kulturen miteinander zu kombinieren (Karotte + Zwiebel, Lauch oder Koriander ...) ist nur wenig wirksam.

— Bekämpfende Maßnahmen

Für Hobbygärtner keine.

Der Kampf gegen die Möhrenfliege

2013, in einem Jahr mit starker Schädlingsbelastung, führte Luc Bienvenu in den Gärten von Rocambole in der Nähe der französischen Stadt Rennes einen Versuch durch, bei dem er verschiedene Bekämpfungsmethoden ausprobierte. Am Ende des Versuches betrug der Anteil madiger Karotten:
- 80 % ohne Behandlung
- 75 % einer Parzelle, in der Karotten und Lauch kombiniert wurden (vier Reihen Karotten, fünf Reihen Lauch)
- 50 % einer mit Resten von aromatischen Pflanzen (Salbei, Ysop, Fenchel, Weinraute ...) gemulchten Parzelle
- 5 % der Kulturen, die sich unter einem vertikalen, 1,2 m hohen Insektenschutznetz mit Rückwärtsneigung (Krümmung nach außen) befanden
- 2 % jener Pflanzen, die durch Insektenschutznetze auf Bögen geschützt wurden

Versuche mit Schutzstrategien in den Gärten von Rocambole

Schwalben-schwanz-Raupe auf Karottenblättern

Ausgewachsener Schwalbenschwanz

Garten-Wegschnecke

Die Garten-Wegschnecke, die zwischen Frühling und Frühsommer schlüpft, frisst Gänge in Pflanzenwurzeln und richtet so großen Schaden an (s. S. 53).

— Vorbeugende Maßnahmen

◗ Die Erde vor der Aussaat mehrere Tage lang oberflächlich aufscharren (10 cm), um die Schnecken auszutrocknen und die Eier und Jungtiere abzutöten.

— Bekämpfende Maßnahmen

◗ Schnecken gezielt aufsammeln. In der Schweiz können auch einige Wochen vor der Aussaat Nematoden im befallenen Gebiet verteilt werden (s. S. 121).

Schwalbenschwanz: ein wunderschöner und schützenswerter Schmetterling

Früher galt er als Schädling. Jedoch macht die schöne Raupe dieses Schmetterlings dank Insektenschutznetzen – und traurigerweise auch aufgrund des Rückgangs der Populationen dieser Art – keine Probleme mehr. Die Raupe findet Zuflucht unter – meist braunen – Fenchelbüscheln, die sie, zu unserer großen Freude, zu lieben scheint. Die Eiablage findet zwischen Mai und Juni, manchmal auch im September statt.

Kohl, Rübe, Radieschen

Erdfloh

Diese kleinen, dunklen, springenden Käfer (2 bis 3 mm) greifen Setzlinge und junge Kohl- (alle Sorten bis auf Grünkohl), Rüben-, Radieschen-, Garten-Senfrauken- und Senfpflanzen an. Sie greifen auch Mangold und Rote Bete an. Ausgewachsene Tiere und Larven fressen

die Blattoberfläche ab und lassen manchmal nichts bis auf die Blattadern übrig.
Sie vermehren sich vor allem im Frühjahr (ab April) und in heißen, trockenen und sonnigen Sommern. Zwei Generationen leben pro Jahr. Die ausgewachsenen Tiere überwintern im Boden.

— Vorbeugende Maßnahmen

- Fruchtfolge betreiben.
- Senf und Raps als Gründünger in befallenen Gärten vermeiden.
- Pflanzenreste beseitigen (Kompostierung).
- Junges Gemüse möglichst schnell aufgehen und wachsen lassen (gießen, Schutz gegen Kälte ...).
- Täglich Pflanzen- und Bodenoberfläche gießen, da der Erdfloh Feuchtigkeit scheut. Mulchen.
- Im Frühling, vor dem Auftauchen der Erdflöhe, junge Keimlinge und Pflanzen mit Treibhausfolie oder Insektenschutznetzen (s. S. 118) oder schützen.

Erdflöhe und von ihnen verursachte Schäden an einem Kohlblatt

— Bekämpfende Maßnahmen

- Insektizid auf Basis von pflanzlichem Pyrethrum verwenden (s. S. 115, Zulassung beachten), jedoch ohne die Blätter zu bewegen, damit die Erdflöhe nicht aufgeschreckt werden und zu Boden springen. Wenn nötig, Anwendung nach einer Woche wiederholen.

Eulenfalter (Erdraupe)

Siehe S. 52.

Mehlige Kohlblattlaus

Diese hellgrünen, mit weißem Flaum bedeckten Blattläuse bevölkern oftmals Kohlpflanzen von Mai bis Oktober (s. Fotos S. 29 und 58). Die äußeren Blätter sind manchmal zur Gänze von ihnen bedeckt. Wenn sie in großer Zahl vorkommen, kann das im Frühjahr (Mai/Juni) zu gravierenden Schäden an Keimlingen und jungen, frisch eingesetzten Pflänzchen führen. In diesem Fall sollte ab Beginn des Befalls eingegriffen werden. Jene Pflänzchen, die bereits Köpfchen oder Blüten bilden, sind sicherer.

— Vorbeugende Maßnahmen

- Nützlinge fördern, vor allem Schwebfliegen, Schlupfwespen und Florfliegen. Diese mit verschiedenen Frühlingsblumen (s. S. 126) anlocken.
- Pflanzenreste, inklusive abgefallener Blätter, entfernen, um die Blattlauseier zu eliminieren.

— Bekämpfende Maßnahmen

Wenn keine Nützlinge im Garten sind oder wenn es sich um junge Pflänzchen handelt:

- Blattläuse mit einem Wasserstrahl von den Pflanzen waschen (s. S. 100).
- Kaliseife oder Pyrethrum verwenden, wenn nichts sonst Wirkung zeigt (s. S. 116, 115).

Nachwachsenden Winterkohl blühen lassen

Ich wende diese Methode oft, vor allem bei Rotkohl, an, einerseits aus ästhetischen Gründen, andererseits, um den Kohl auf biologische Weise zu schützen.
Diese nachwachsenden Pflanzen werden im Mai und im Juni sehr oft von Blattläusen befallen, was zu dieser Zeit kein Problem darstellt. Dies erlaubt es den Nützlingen, sich im späten Frühjahr zu entwickeln. Die Nützlinge sind in weiterer Folge im Herbst in großer Zahl vorhanden und können den Herbst- und Winterkohl schützen. Das scheint wirksam zu sein.

Großer und Kleiner Kohlweißling

Diese hübschen, tagaktiven, weißen Schmetterlinge mit schwarzen Flecken (Männchen) fliegen von Mai bis Oktober. Zwei Generationen leben pro Jahr. Die zweite Generation, die ab August zum Vorschein kommt, ist wichtiger und auch gefährlicher. Die gelben Eier, die am Rand fein gerippt sind, werden meist unter Blättern, in Gelegen von zehn bis 50 Stück, sauber aufgereiht gelegt. Die Raupen schlüpfen nach etwa zehn Tagen.
Sie bleiben einige Tage in der Gruppe unter den Blättern. Danach verpuppen sie sich. Ihre dominante Farbe ist grün, je nach Art kann es zu Abweichungen kommen. Sie sind am Ende ihres Wachstums mit einem zarten Flaum bedeckt. Zuerst fressen sie die äußeren Blätter, bevor sie sich an die Kohlköpfchen machen, die sich gerade ausbilden. Wenn es zu frühem und starkem Befall kommt, kann es sein, dass lediglich die Blattadern übrig bleiben. Der Schaden an den Köpfchen kann gravierend ausfallen, was eher auf die Exkremente zurückzuführen ist, die zu Fäulnis führen, als auf die Fraßschäden.

Kleiner Kohlweißling

Eier des Kohlweißlings

Schlüpfen der Larven

Raupen des Kleinen und des Großen Kohlweißlings

Von Kohlweißlingen zerfressener Kohl

Im Garten wird ein Netz gegen Kohlweißlinge gespannt.

Blühender Kohl

Die Raupen von Eulenfaltern (s. S. 52) sind meist größer und dunkler. Sie greifen direkt das Herzstück von Kohlpflänzchen an.

— Vorbeugende Maßnahmen

- Nützlinge, wie Laufkäfer, Schlupfwesen, Vögel und Spinnen fördern. Schlupfwespen leben oft als Parasiten in Kohlweißlingen und zerstören sie, wenn sie ausgewachsen sind.
- Den Insekten die Lokalisierung der Kohlpflänzchen erschweren, indem man sie verstreut zwischen anderen Pflanzen (Blumen, Erbsen, Tomaten ...) setzt.
- Mit frischen (mit dem Rasenmäher zerkleinerten) Thujenzweigen, Tomatentrieben und -blättern mulchen (wirken leicht abschreckend).
- Ein Insektenschutznetz (s. S. 118) auf Bögen über die Pflanzen spannen, sobald der Kohlweißling zu fliegen beginnt.

— Bekämpfende Maßnahmen

- Kohlpflänzchen regelmäßig untersuchen, auch unter den Blättern. Eier und junge Larven zerquetschen.
- Raupen mit einem Wasserstrahl (s. S. 100) herunterspülen. Allerdings klettern viele danach erneut hinauf.
- Junge Pflanzen abends mit Kaliseife (s. S. 116; effektiv, jedoch ist das Produkt für diese Verwendung nicht zugelassen) oder mit Bt (s. S. 107) behandeln.

Eine gute Kombination:
Kohl + Studentenblume oder Ringelblume

Diese Blumen wirken bewiesenermaßen abschreckend auf Kohlweißlinge, während sie ausgewachsene Tiere, die Nektarsammler sind, anlocken.

Im November ausgesäte Ackerbohnen werden seltener von Blattläusen angegriffen.

Ackerbohne, Grüne Bohne: Schwarze Bohnenlaus

Diese Blattlaus (*Aphis fabae*) ist relativ groß und schwarz und beginnt ihren Lebenszyklus auf dem Gewöhnlichen Spindelstrauch, wo sie überwintert, seltener auch auf dem Pfeifenstrauch oder dem Gewöhnlichen Schneeball.

Im April bewegt sie sich auf Ackerbohnen, aber greift auch zahlreiche andere Pflanzen, wie Grüne Bohne, Rübe, Artischocke, Kartoffel, Kapuzinerkresse etc. an.

— Vorbeugende Maßnahmen

- Attraktive Pflanzen (s. Liste S. 126–129) setzen, die als „Vermittler"pflanzen fungieren (Kapuzinerkresse), um Nützlinge in großer Zahl anzulocken.
- Früh aussäen: Im November ausgesäte Ackerbohnen werden weniger oft angegriffen.

Schwarze Bohnenlaus

— Bekämpfende Maßnahmen

Es ist nicht nötig, einzugreifen, wenn der Befall beginnt, nachdem sich die Bohnenschoten gebildet haben.
Für diese sind die Blattläuse keine Bedrohung mehr. Grüne Bohnen müssen nur sehr selten geschützt werden.

Salat, Endivie, Zichoriensalat (Radiccio, Zuckerhut etc.)

Ihre Wurzeln werden manchmal von Wurzelbohrern (s. S. 51), Eulenfalterraupen (s. S. 52), Maikäfer- (s. S. 82) oder Schnakenlarven (s. S. 83) angenagt. Die Blätter werden von Nacktschnecken (s. S. 53), Vögeln (s. S. 58) und Kaninchen (s. S. 52) gefressen, die die Pflänzchen ausreißen. Es ist wichtig, den „Täter" ausfindig zu machen, um die richtigen bekämpfenden Maßnahmen treffen zu können.

Zwiebel: Lauchminierfliege

Die Lauchminierfliege (s. S. 68) greift auch Zwiebeln, Winterzwiebeln und Schnittlauch an.

Lauch

Lauchmotte (und ihre Larven)

Es handelt sich um die Larven eines kleinen, nachtaktiven Schmetterlings: der Lauchmotte. Die ausgewachsenen Tiere überwintern in Pflanzenabfällen. Sie fliegen von April bis Oktober, wobei die Flüge und die Eiablagen ab August die folgenschwersten sind.
Aus den auf Blätter abgelegten Eiern schlüpfen kleine Raupen, die zwei bis fünf Tage auf dem Blatt bleiben, bevor sie sich ins Blatt hineinfressen und im grünen Teil ihre Gänge graben. Oftmals gehen die Raupen bis hierhin und nicht weiter. Wenn sie den weißen Schaft erreichen, kann das zur Zerstörung der Pflanze führen.

Phazelien halten Läuse von Ackerbohnen fern. Diese sollten zwischen Ackerbohnenreihen gesät werden.

Raupe der Lauchmotte

Puppe der Lauchmotte

— Vorbeugende Maßnahmen

- Vor dem Einsetzen sollte man die entwurzelten Pflanzen 24 bis 28 Stunden in der Sonne lassen, um sie widerstandsfähiger und unattraktiver für die Motte zu machen.
- Auf Nützlinge wie vor allem Fledermäuse (s. S. 36), Insekten und Laufkäfer setzen.
- Die Reihen von Pflanzen von August bis Oktober mit einem Insektenschutznetz abdecken. Dieses schützt auch vor Fransenflüglern und Minierfliegen.

— Bekämpfende Maßnahmen

- Die Lauchpflanzen regelmäßig überwachen und die grünen Teile der befallenen Blätter abschneiden. Direkt über dem Boden abschneiden, falls der Schaft befallen ist.
- Bt anwenden (s. S. 107). Dies ist nur einige Tage nach dem Schlüpfen der Larven wirksam und nur bevor die Raupe in das Blattinnere vordringt (Stadium an der Blattoberfläche).

Lauchminierfliege

Diese kleine Fliege (3 mm), die erst vor kurzem nach Westeuropa gekommen ist, richtet großen Schaden an Lauch und selbst Zwiebeln, Schalotten, Winterzwiebeln und Schnittlauch an.

Die Larven (Maden) dieser winzigen Fliege graben Gänge in den weißen Teil des Lauchs in der Nähe der Wurzeln. Das Ergebnis: Der Lauch sinkt auf den Boden. Zwiebeln und Schalotten werden vor allem an ihren Blättern und an der Zwiebel geschädigt. Oft erholen sich Lauch und Zwiebeln wieder und wachsen weiter, jedoch sind die Blätter im Inneren zermürbt und beschädigt, was das Schälen sehr mühselig werden lässt.

Im Jahr kommt es zu zwei Zyklen, also zwei Flug- und zwei Befallsphasen.

Der erste Zyklus beginnt ab März, April mit jenen Larven, die im Herbst geschlüpft sind und in befallenem Lauch überwintert haben. Die ausgewachsenen Weibchen, die aus diesen Larven entstehen, befallen den Lauch, der zu dieser Zeit noch im Boden ist, die Samen im Garten, die Zwiebeln und Schalotten, die am Ende des Winters eingesetzt worden sind, sowie Schnittlauch und Winterzwiebeln. Sie beginnen mit Stichen zur Ernährung und zur Wiedererkennung im oberen Teil der Blätter.

Diese Stiche zeigen sich in Form von kleinen weißen, sauber auf dem grünen Blatt aufgereihten Punkten. Die Blätter der Zwiebelpflanzen und der jungen Lauchpflanzen verformen sich und bilden abgeflachte Stellen und beeindruckende Wölbungen aus.

Danach findet die Eiablage statt. Die Larven, kleine gelbliche Maden mit einer Maximallänge von 6 mm, dringen in die Blätter ein und graben dort geradlinige Gänge (Minen) bis zur Basis des Schafts und zur Zwiebel. Danach verpuppen sie sich in diesen Gängen. Die Puppen sind hellbraun und 3 mm lang und verbleiben den Sommer über im Gang, bis daraus Ende August neue ausgewachsene Tiere schlüpfen.

Die zweite Flugphase erstreckt sich von Ende August bis Ende November. Die Larven, die aus den Eiern schlüpfen, graben schnell Gänge bis hin zur Basis des Schafts des Lauchs, was die Pflanzen beträchtlich schwächt. Beim Schälen der Zwiebeln sind die Puppen deutlich sichtbar. Sie überwintern im Garten im nicht ausgerissenen Lauch und schlüpfen zu Beginn des darauffolgenden Frühlings, manchmal sogar schon im Januar.

— Vorbeugende Maßnahmen

◗ Gesunde Pflanzen ohne Spuren von Fliegenstichen oder Gängen einsetzen.
◗ Im Frühling die Aussaat mit einem Insektenschutznetz schützen, ab Mitte August das Feld erneut abdecken, um den ersten Befall zu verhindern. Das Netz kann im Laufe des Dezembers abgenommen werden, im März sollte es wieder über die noch in der Erde befindlichen Zwiebeln gespannt werden.
◗ Nützlinge (Schlupfwespen) fördern, indem man einfache Blumen in der Nähe der Zwiebeln setzt.
◗ Fruchtfolge betreiben (s. S. 14).

— Bekämpfende Maßnahmen

◗ Befallenen Lauch ausreißen. Larven zerquetschen. Befallene Pflanzen mehrere Wochen in einem wasserdichten Plastiksack in der prallen Sonne liegen lassen. Die Hitze und die Fäulnis töten die Larven.
◗ Befallene Lauch- und Winterzwiebelblätter abschneiden.
◗ In Deutschland, Österreich und der Schweiz ist Spinosad (s. S. 117) gegenwärtig als Mittel zur Bekämpfung der Lauchminierfliege, der Zwiebelfliege und der Schalottenfliege erlaubt. Dieses sollte zwei bis drei Mal in einem Intervall von jeweils zehn Tagen angewendet werden.

Erbse

Blattrandkäfer

Die ausgewachsenen Tiere dieser Rüsselkäfer (die eine Länge von 3 bis 5 mm erreichen) zerschneiden die Blattränder. Die Larven im Boden fressen die Wurzeln. Es kann zu ernsthaften Schäden kommen, wenn die Erbsen im Frühling aufgrund von Kälte oder Trockenheit etc. nur langsam wachsen.

— Vorbeugende Maßnahmen

- Die Keimlinge beim Wachstum unterstützen.

— Bekämpfende Maßnahmen

- Ausschließlich anwendbar auf junge Sprösslinge, wenn der Befall sehr stark ist (mehr als fünf Kerben pro Pflänzchen): dann sollte ein Bio-Insektizid auf Pyrethrum-Basis (s. S. 115) appliziert werden.

Vögel

Tauben, genauso wie auch andere Vögel, mögen Erbsen (s. S. 58).

Kartoffel

Kartoffelkäfer

Dieses bekannte Insekt ist heutzutage sehr selten in Gärten anzutreffen. Es bevorzugt Kartoffeln, greift aber

Durch Blattrandkäfer verursachte Schäden an jungen Pflanzen

auch Auberginen, Bittersüßen Nachtschatten und Teufelskirschen (zwei Wildpflanzen) an.
Ausgewachsene Tiere leben ein bis zwei Jahre. Jedes Weibchen legt 700 bis 800 orangefarbene Eier, die in Gruppen von mehreren Dutzend unter Blättern abgelegt werden. Ausgewachsene Tiere wie Larven fressen Blätter und können schnell Schäden anrichten. Die Entwicklung von der Larve hin zum ausgewachsenen Tier und die Überwinterung, die ab Ende August in mehr als 30 cm Tiefe stattfindet, vollziehen sich im Boden.
Die Kartoffelkäferlarve sollte nicht mit der Marienkäferlarve im letzten Stadium (s. S. 21) verwechselt werden.

— Vorbeugende Maßnahmen

- Fruchtfolge ist unverzichtbar (die ausgewachsenen Tiere überwintern im Boden).
- Maximal drei bis vier Reihen Kartoffeln pflanzen. Das macht es leichter, die ersten Schädlinge zu bemerken.

Ausgewachsener Kartoffelkäfer

Kartoffelkäferlarve

- Wilde Wirtspflanzen wie den Bittersüßen Nachtschatten entfernen.
- Nützlinge wie Laufkäfer und Wanzen (s. S. 31) fördern, auch wenn sie nur geringe Wirkung erzielen.

— Bekämpfende Maßnahmen

- Ausgewachsene Tiere und Larven mit der Hand einsammeln.
- Bio-Insektizid auf Pyrethrum-Basis (s. S. 115) applizieren.
- Im Falle von Befall die Kartoffelkäfer mit parasitären Nematoden (*Steinernema carpocapsae*, s. S. 105, dafür allerdings nicht zugelassen) bekämpfen.
- Novodor (*Bacillus thuringiensis* var. *tenebrionis*) wird von Bio-Landwirten im Kampf gegen die Larven eingesetzt.

Schnellkäferlarve („Drahtwurm")

Diese frisst sich in die Wurzelknollen und gräbt dort enge Gänge (s. S. 59).
Man sollte es vermeiden, direkt nach der Urbarmachung einer Rasenfläche Kartoffeln anzubauen.

Garten-Wegschnecke

Sie dringt in die Wurzelknollen ein und frisst das Innere auf.

— Vorbeugende und bekämpfende Maßnahmen

- Die Erde einige Tage vor dem Anpflanzen oberflächlich aufscharren, um sie auszutrocknen (s. S. 101).
- Vor dem Anpflanzen Schneckenkorn (s. S. 120) verwenden.

Engerling (Maikäferlarve)

Siehe S. 82.

Die wichtigsten Schädlinge im Obstgarten

Allgemeine Schädlinge

Spanner- und Frostspannerraupe

Mehrere Arten von Spannerraupen richten zu Frühlingsbeginn Schäden an zahlreichen Obstbäumen, darunter vor allem Apfel-, Birn- und Kirschbäumen, an. Die häufigste Art ist der Frostspanner. Der Name „Spanner" kommt daher, dass sich die Raupen – mangels Füßchen am Bauch – fortbewegen, indem sie diesen nach vorne ziehen und so bei der Fortbewegung eine Art verkehrtes U bilden – eine Form, die an das Spannen der Hand beim Vermessen erinnert.

Die Raupen ernähren sich ab ihrem Schlüpfen von Knospen, später von jungen Blättern. Je nach Art sind sie grün, braun oder schwarz gefärbt. Im Mai und Juni seilen sie sich an einem Faden bis auf den Boden ab und verpuppen sich. Die ausgewachsenen Tiere schlüpfen von Oktober bis November. Nachts, vorzugsweise bei feuchtem und nebeligem Wetter klettern die ungeflügelten Weibchen entlang der Stämme zu den geflügelten Männchen, um sich mit diesen zu paaren und ihre Eier zum Knospenansatz oder in Rindenritzen zu legen.

— Vorbeugende Maßnahmen

- Auf Nützlinge wie Meisen (s. S. 36) setzen.
- Im Oktober Fanggürtel (s. S. 107) anbringen, um die hochkletternden Weibchen zu fangen. Diese Fallen sollten bis Anfang Dezember montiert bleiben.

Frostspanner

Frostspanner auf einem Apfelbaum

Achtung! Zahlreiche andere Insekten bleiben daran kleben, also nicht länger aufgestellt lassen als nötig.
◗ Im Winter die Äste mit insektizidem Rapsöl (s. S. 111) besprühen, um die Eier abzutöten.

— Bekämpfende Maßnahmen

◗ Knospen und Blüten im März, nachdem sich die Knospen geöffnet haben, bis zum Beginn des Aufblühens untersuchen. Wenn mehr als 10 % befallen sind (mindestens eine junge Larve ist sichtbar), sollte abends eine Behandlung mit einem Insektizid auf Basis von Bt erfolgen (s. S. 107).

Andere Raupen

Verschiedene nachtaktive Schmetterlinge fressen oder graben Gänge in Blätter: Motten, Gespinstmotten (s. S. 88), Ringelspinner, Schwammspinner, Schlehenspinner, Pfirsichtriebwickler ... Einige bilden große Schwärme.

Große Gruppe Ringelspinnerraupen auf einem Pfirsichbaum

Ringelspinnerraupe (*Malacosoma neustria*) auf einem Apfelbaum

— Vorbeugende Maßnahmen

◗ Auf Nützlinge wie Vögel, Fledermäuse, Schlupfwespen (s. S. 28) etc. setzen. Im Allgemeinen genügt das, um eine starke Vermehrung der Schädlinge zu verhindern.

— Bekämpfende Maßnahmen

◗ Wenn nötig, abends Bt (s. S. 107) aufsprühen.

Ameise

Ameisen, darunter vor allem Rote Gartenameisen, sind im Allgemeinen freundliche Gartenbewohner, da sie sehr viele Schädlinge fressen (Raupen, Larven, Würmer ...), und da sie dazu beitragen, die Erde mit ihren Gängen und Ameisenhaufen aufzulockern. Manchmal jedoch sind sie aus mehreren Gründen störend:
◗ Sie erhalten und versetzen die Blattläuse auf den Bäumen, da sie ihre Exkremente (süßer Honigtau) einsammeln;

Ameise sammelt süßen Honigtau (Exkremente) einer Blattlaus.

◗ sie verteidigen Blattläuse gegen Nützlinge, vor allem tagsüber gegen Marienkäfer und Florfliegenlarven (jedoch nicht nachts).
◗ Sie kommen manchmal ins Haus.
◗ Bestimmte Arten, wie die Gelbe Wiesenameise, bauen Hügelnester (Kolonien) am Fuße von Garten- (Kartoffel, Erdbeere) oder Zierpflanzen, was die Ernte beeinträchtigen oder sogar vernichten kann und dazu führt, dass Pflanzen verkümmern und oft ganz absterben.

— Vorbeugende Maßnahmen

◗ Leimgürtel an den Stämmen der Obstbäume befestigen (auch um die Stützpfähle), die von Blattläusen befallen sind (Mehlige Blattlaus und Blutlaus).
◗ Darauf achten, den Ameisen keinen anderen Weg offen zu lassen. Leimgürtel wieder abnehmen, sobald das Problem beseitigt ist (meist ab Juni), um die Kollateralschäden an anderen - oft nützlichen - Tieren möglichst gering zu halten. Diese gehen oft in großer Zahl in die Falle (Spinnen, Marienkäfer, Ohrwürmer, Jungvögel ...).

— Bekämpfende Maßnahmen

◗ Ameisenhaufen eventuell mit einer Schaufel zerstören.
◗ Wenn nötig, Giftköder auf Pyrethrum- oder Spinosad-Basis (s. S. 117) legen, welche die Ameisen mit zu ihrer Kolonie nehmen. Diese sollten zu den Larven und zur Königin gelangen und diese töten.

Wespe und Hornisse

Diese sind in erster Linie wertvolle Raubinsekten in Gärten wie in der Natur. Sie mögen jedoch auch Zucker und Konfitüre. Niemand ist perfekt! Wenn die Erntezeit kommt (und die Früchte reifen), machen sich die ausgewachsenen Tiere auf die Suche nach zuckerhaltigen Substanzen und beschädigen dabei Früchte (Birne, Apfel, Weintraube, Pflaume, Pfirsich ...), indem sie sie aushöhlen.

— Vorbeugende Maßnahmen

◗ Früchte im August, ab dem Zeitpunkt, wo die ersten Schäden sichtbar werden, einsacken (s. S. 116).

— Bekämpfende Maßnahmen

Wenn nötig, Insekten mit speziellen, mit einer Lockflüssigkeit gefüllten Fallen fangen. Fallen entfernen, sobald Wespen und Hornissen von den Früchten verschwunden sind oder sobald die Ernte vorbei ist.

Vögel

Siehe S. 58.

Eine Hornisse frisst an einem Apfel.

Schädlinge auf Obst

Rote und Schwarze Johannisbeere

Johannisbeerblasenlaus

Diese ist oftmals im Frühling unter den Blättern aufzufinden. Die Johannisbeerblasenlaus verursacht charakteristische rötlich gefärbte Blasen auf den Blättern. Jedoch ist sie fast nie gefährlich für die Pflanze. Eingriffe sind deshalb nur selten gerechtfertigt.

— Maßnahmen: siehe S. 58–59

Ein Johannisbeerblatt bildet Blasen als Reaktion auf die Einstiche von Blattläusen.

Gelbe Stachelbeerblattwespe

Die Larven dieser Hautflügler fressen Blätter. Sie sind hellgrün mit kleinen schwarzen Punkten und ähneln Raupen, jedoch haben sie mehr Scheinfüßchen am Bauch als diese (mindestens sechs Paar).

— Vorbeugende Maßnahmen

- Nützlinge wie etwa Schlupfwespen fördern (s. S. 28).

— Bekämpfende Maßnahmen

- Mit einem Wasserstrahl bespritzen (s. S. 100).
- Wenn das nicht genügt, mit Kaliseife besprengen (s. S. 116).
- Wenn die Kaliseife nicht ausreicht, ein biologisches Insektizid auf Pyrethrum-Basis anwenden (s. S. 115).
- Achtung! Bt, das selektiv auf „echte" Raupen wirkt (s. S. 107), ist bei Larven der Stachelbeerblattwespe wirkungslos.

Stachelbeerblattwespenlarven tanzen.

Kirschbaum

Kirschfruchtfliege

Diese kleine Fliege wird 3 bis 5 mm lang und ist an ihren durchsichtigen, von einigen schwarzen Streifen durchzogenen Flügeln und gelben Flecken auf Brust und

Kopf erkennbar. Sie fliegt von Mai bis Anfang Juli. Die Weibchen werden von den gelben, langsam zu reifen beginnenden Kirschen angelockt und legen ihre Eier in die Früchte. Die Larven (weiße Maden) ernähren sich drei bis vier Wochen lang von Fruchtfleisch. Danach fallen sie, meist mit den wurmstichigen Kirschen, zu Boden und graben sich in der Erde ein, um zu überwintern. Dort verbleiben sie bis zu drei Jahre lang. Die neuen ausgewachsenen Tiere kommen im Frühling hervor. Späte Kirschsorten werden am öftesten angegriffen.

— Vorbeugende Maßnahmen

- Bodennützlinge, wie Lauf- und Moderkäfer, fördern (s. S. 33).
- Kalziniertes Kaolin (Tonerde, s. S. 103) auf die Kirschen auftragen, sobald deren Farbe sich von Grün zu Gelb verändert oder wenn die ersten Fliegen auftauchen.
- Gelbe Farbfallen (s. S. 113) für Kirschbäume in mindestens 2,5 m Höhe aufhängen, um so viele Fliegen wie möglich zu fangen. Je nach Größe des Baums könnten mehrere Fallen nötig sein. Diese sollten nach Möglichkeit an den nach Süden und nach Westen (Sonne) gerichteten Seiten des Baumes angebracht werden. Sie sollten entfernt werden, sobald die Kirschen orange oder rot werden, um die Kollateralschäden gering zu halten (s. S. 114). Um die Wirkung zu erhöhen, können stark riechende Köder angebracht werden, die die Fliegen anziehen (Seefischabfälle, Hühnermist) und in Demi-Flaschen aus Plastik (375 ml) unter den Fallen aufhängt werden sollten.
- Das wurmstichige Fallobst aufsammeln und zerstören (in wasserdichten Plastiksäcken an die Sonne stellen, damit es verfault und die Larven sterben). Pheromonfallen sind wenig effektiv.

Gelbe Farbfalle

— Bekämpfende Maßnahmen

Keine.

Schwarze Kirschenblattlaus

Die Stiche dieses Insekts führen dazu, dass sich die Blätter einrollen oder trocken werden und die Zweige verformen. Im Herbst legt das Weibchen die Eier in Vertiefungen in der Baumrinde auf den Zweigen bei den Knospenansätzen ab. Im Frühling schlüpfen die Blattläuse und bilden große Kolonien unter den Blättern.
Im Sommer siedeln sie sich auf Kräutern (Labkraut, Ehrenpreis) an. Die Weibchen kehren im Herbst zur Eiablage auf die Kirschbäume zurück.

— Vorbeugende Maßnahmen

- Stickstoffdünger meiden.
- Nicht zu stark stutzen.
- Nützliche Insekten fördern (s. S. 103).

— Bekämpfende Maßnahmen

- Bei jungen Bäumen im Wachstum und bei kleinen Bäumen möglichst früh eingreifen.

Haselstrauch

Haselnussbohrer (und seine Larven)

Dieser Rüsselkäfer (mit einer Länge von 12 mm) ist von April bis Mai unterwegs. Die Eiablage findet im Juni statt und die Larve bohrt sich in die noch weiche Nuss, um sie zu fressen. Im August, wenn die Nuss reift, verlässt die Larve sie wieder und gräbt sich in 20 cm Tiefe im Boden ein, wo sie zwei bis drei Jahre verweilt. Manche ausgewachsenen Tiere bleiben auch von einem auf das nächste Jahr in den Bäumen.

— Vorbeugende Maßnahmen

- Keine empfindlichen Sorten, wie 'Fertile de Coutard' oder 'Negret', pflanzen. 'Wunder aus Bollweiler' und 'Longue d'Espagne' sind unempfindlicher. Von Mai bis Juni sollte morgens regelmäßig ein weißes Tuch unter die Sträucher gelegt werden, während die Äste mit einem Stock geschlagen werden, damit die erwachsenen Blattläuse herunterfallen, bevor sie Eier legen können. Diese sollten zerquetscht werden.
- Alles Fallobst einsammeln.
- Hühner im August um die Bäume scharren lassen, wenn die Larven von den Bäumen kriechen (nur sehr begrenzt wirksam).

— Bekämpfende Maßnahmen

Keine, sobald die Larven in den Früchten sind.

Haselnussbohrer

Birnbaum

Blattläuse

Mehrere Blattlausarten befallen die Blätter und bewirken, dass diese sich einrollen und die Sprösslinge aufhören zu wachsen und die Blätter verlieren. Dazu führt vor allem die Mehlige Birnenblattlaus, die mit einem weißlichen Wachsstaub bedeckt ist.

Wickler (Obstmaden)

Siehe Apfelbaum, S. 77.

Spannerraupe (Frostspanner)

Sie zerstören Blütenknospen und fressen junge Blätter. In bestimmten Jahren können sie sich stark vermehren (s. S. 72).

Apfelbaum

Apfelblütenstecher

Dieser kleine schwarzbraune Rüsselkäfer (4 mm) sorgt in vielen Gärten für Probleme. Er taucht ab März auf und ist während der heißesten Stunden des Tages unterwegs. Er frisst Triebe und legt seine Eier anschließend in Blütenknospen ab. Die Larven sind weißlich und fressen die Knospen, bevor diese erblühen, was die Ernte komplett vernichten kann. Die befallenen Knospen trocknen aus und ähneln Gewürznelken. Die ausgewachsenen Tiere überwintern in Wölbungen in der Rinde oder auf Moos ...

— Vorbeugende Maßnahmen

- Nützlinge, wie Meisen (s. S. 36) oder Schlupfwespen (s. S. 28), fördern.
- Im Winter, wenn nötig, Moos entfernen (Bürsten) und die Stämme mit Kalkanstrich (s. S. 106) bestreichen.

Apfelblütenstecher

Von Apfelblütenstecherlarven zerstörte Knospe

— Bekämpfende Maßnahmen

- Zuerst die Schwere des Befalls vom Wachstum der Triebe bis hin zur Bildung der Blüten feststellen. Dafür zehn Äste pro Baum schlagen, nachdem unter dem Baum ein großes weißes Tuch zum Auffangen der herabfallenden Insekten platziert worden ist. Nur eingreifen, wenn auf zehn Äste drei ausgewachsene Insekten kommen (ein Insekt im Falle eines starken Befalls im Vorjahr).
- In diesem Fall ein biologisches Insektizid auf Pyrethrum-Basis anwenden, auch wenn bereits Marienkäfer auf den Bäumen sind. Diese Behandlung wirkt auch gegen Frostspannerlarven (s. S. 72).

Wühlmaus

Diese verursacht schwere Schäden an Baumwurzeln.

— Vorbeugende Maßnahmen

- In befallenen Gebieten keine Veredelungen mit zu schwachen Unterlagen (Pajam, Pl 80, M 9, M 26, M 27 für Säulenobst) durchführen.
- Jeden Baum in einen feinmaschigen (weniger als etwa 13 cm Maschenweite), vergitterten Korb mit mindestens 60 cm Durchmesser setzen.
- Im Winter nur eingeschränkt mulchen.

— Bekämpfende Maßnahmen

Siehe S. 51.

Wickler: Äpfel, Quitten, Nashi-Birnen und Nüsse

Zahlreiche nachtaktive Schmetterlinge können Schäden an Früchten anrichten. Der wichtigste ist der Wickler. Dieser kleine, nachtaktive Schmetterling befällt fast 100 % aller Früchte. Pro Jahr leben ein bis zwei Generationen, die erste von Mai bis Anfang Juli, je nach Wetterumständen, die zweite bei passenden Bedingungen von Mitte Juli bis Ende September.

Die Weibchen legen ihre Eier (etwa 50) auf Zweigen, Blättern und jungen Früchten ab. Nach etwa zehn Tagen (etwas mehr oder weniger, je nach Tagesdurchschnittstemperatur) schlüpfen Larven aus den Eiern (Stadium, in dem sie sich im Freien bewegen) und erreichen nach mehreren (etwa zwei bis fünf) Tagen die Früchte, in die

Wickler in einer Leimfalle

sie sich auf der Suche nach Kernen hineinfressen. Dort bleiben sie etwa drei bis vier Wochen, bevor sie den Stamm wieder hinunterklettern und sich in Spalten in der Rinde verstecken, um sich zu verpuppen. (In diesem Stadium verbringen sie drei bis vier Wochen. Die Puppen sind 10 mm lang, und gelb- bis dunkelbraun. Gibt es keine zweite Generation, überwintern diese Puppen.) Danach verwandeln sie sich in neue ausgewachsene Schmetterlinge. Die zweite Generation, die sogleich folgen kann, besteht aus sehr vielen Weibchen, welche in weiterer Folge mehr Eier legen, aus denen Raupen (Würmer) schlüpfen, welche mehr Äpfel befallen, die vorzeitig vom Baum fallen. Die Raupen überwintern in einem weißlichen Kokon in der Rinde oder im Boden.

— Vorbeugende Maßnahmen

◗ Nistkästen für Meisen in der Nähe der Obstbäume aufhängen (s. S. 46). Meisen zerstören mehr als 80 % der überwinternden Puppen.

◗ Unterschlüpfe und Nistkästen für Fledermäuse (Zwergfledermaus, s. S. 36) bereitstellen. Diese Säugetiere fangen die Schmetterlinge während ihrer nächtlichen Flüge.

◗ Alle befallenen Früchte, die schon zu Boden gefallen sind oder noch auf den Bäumen hängen, einsammeln und aus dem Garten entfernen.

◗ Die Obstbäume mit Blumen umgeben (Wiesen- oder Blühstreifen am Fuße der Bäume oder zwischen den Bäumen), die Nützlinge wie Schlupfwespen (s. S. 37) anlocken.

◗ Auf kleinen Bäumen sollten die Früchte nach dem Ausdünnen eingesackt werden (s. S. 116). Die Säcke sollten zwei Wochen vor der Ernte wieder abgenommen werden.

◗ In einem professionellen Obstgarten, der von Schädlingen heimgesucht wird, sollten Dispenser mit Sexual-Pheromonen zur Verwirrung der Insekten (s. S. 110) eingesetzt werden.

— Bekämpfende Maßnahmen

◗ Wenn die Verwirrungstechnik nicht möglich ist, sollte ein Granulosevirus (s. S. 108) abends ab dem Schlüpfen der Raupen oder ab der Entstehung der jungen Früchte (Fruchtbildung) eingesetzt werden. Die Anwendung sollte alle zehn Tage bis zur Ernte wiederholt werden. Bt (s. S. 107) verflüchtigt sich zu schnell, um im richtigen Moment seine Wirkung zu entfalten und ist wenig effektiv. Je mehr Raupen der ersten Generation jedoch zerstört werden, desto weniger Früchte sind zum Zeitpunkt der Ernte befallen.

◗ Fanggürtel (s. S. 107) von Mitte Juni bis Mitte Juli um den Stamm wickeln. Mitte (bis Ende) Juli sollten sie wieder entfernt werden. Diese zerstören die Puppen der ersten Generation. Von Anfang August bis Oktober sollten sie wieder angebracht werden, um die Puppen der zweiten Generation zu fangen.

◗ Im Herbst nach der Ernte *Steinernema-feltiae*-Nematoden (s. S. 105) auf die großen Äste, den Stamm und die Erde unter dem Baum aufsprühen. Diese Nematoden zerstören einen Teil der überwinternden Wicklerraupen und reduzieren so die Schädlingsbelastung im darauffolgenden Frühjahr.

◗ In Wintern nach starkem Befall die Bäume streichen (Anstrich, s. S. 106).

Amtliche Auskunftsstellen für Pflanzenschutz

Informationen zu Risikoperioden (Schlüpfzeiten von Schädlingen), zur Verwendung von Produkten gegen Larven etc. finden Sie bei den Pflanzenschutzdiensten der jeweiligen deutschen Bundesländer, beim Amtlichen Pflanzenschutzdienst oder bei der AGES in Österreich und in der Schweiz beim Eidgenössischen Pflanzenschutzdienst.

Spannerraupe (Frostspanner)

Diese Tiere zerstören Blüten und fressen junge Blätter. In bestimmten Jahren können sie sich stark vermehren (s. S. 72).

Apfelbaumgespinstmotte

Diese kommt wieder häufiger vor, etwa auf Zierbäumen und -sträuchern.

Mehlige Apfelblattlaus

Diese ist am weißlichen Wachsstaub erkennbar, der sie bedeckt (die geflügelten Tiere sind schwarz), und stellt vor allem für junge Bäume im Wachstum die gefährlichste Blattlausart dar.

Im Frühling verursacht sie sehr schnell ein Einrollen der Blätter, was die Bekämpfung erschwert, sowie eine Verformung der Zweige und der Früchte. In bestimmten Jahren vermehrt sie sich sehr stark.

Durch den Befall mit Mehligen Apfelblattläusen haben sich die Blätter des Apfelbaums eingerollt.

Sie taucht im April auf, entwickelt sich im Mai und im Juni und verlässt im Sommer den Apfelbaum, um sich auf Spitzwegerichen niederzulassen. Zur Eiablage am Knospenansatz und auf den Zweigen kehrt sie auf den Apfelbaum zurück, bevor sie anschließend stirbt.

— Vorbeugende Maßnahmen

- Auf Nützlinge (s. S. 20), wie Schwebfliege, Marienkäfer, Florfliege, Schlupfwespe, Gallmücke, Meise (Nistkästen) und Ohrwürmer (Unterschlüpfe), setzen.
- Im Herbst ein Produkt auf Kaolin-Basis versprühen (s. S. 103), um die Eiablage auf den Bäumen zu verhindern.
- Stickstoffreiche Dünger (s. S. 15) meiden.

— Bekämpfende Maßnahmen

- Im Frühling, wenn keine Nützlinge, wie Marienkäfer, zugegen sind, sollte ab dem Auftauchen der ersten Blattlauskolonien – vor allem auf jungen Bäumen –, noch bevor sich die Blätter kräuseln und wenn möglich vor der Blüte, ein biologisches Insektizid auf Rapsöl-Basis angewendet werden (s. S. 111). Dieses evtl. gemeinsam mit Pyrethrum anwenden oder überhaupt auf ein Produkt zurückgreifen, das beide Wirkstoffe enthält (s. S. 111). Wenn zahlreiche Nützlinge zugegen sind, sollte zuerst überprüft werden, ob sie in den Blattlauskolonien aktiv sind (Larven). Ist das der Fall, sollte nicht eingegriffen werden.
- Zwischen April und Juni einen Leimgürtel gegen Ameisen (s. S. 109) auf Stämmen und Stützpfählen anbringen. Diesen abnehmen, sobald er keinen Nutzen mehr hat, also im Juni.
- In Wintern nach Befall im vorhergehenden Frühjahr die Eier zerstören:
  - Ein Bio-Insektizid auf Rapsöl-Basis (s. S. 111) auf die Zweige sprühen.
  - Kalkanstrich (s. S. 106) auf Stämme und große Äste streichen.

Wollige Apfelblutlaus

Diese Blattläuse sind gefährlich, da ein zu starker Befall zur Bildung von beulenförmigem Rindenkrebs und einer Schwächung des Baumes führen kann. Bestimmte Sorten ('Goldparmäne', 'Kanadarenette', 'Boskoop' ...) genauso wie alle auf einer M-9-Unterlage veredelten Sorten sind empfindlicher. Man erkennt die Laus am wolligen, weißlichen Wachs, das die großen Kolonien auf Zweigen und großen Ästen, vor allem an den Schnittstellen, bedeckt. Die Tiere überwintern in Rindenspalten im unteren Teil des Baumes bis zum Wurzelansatz. Eine kleine Wespe (*Aphelinus mali*) wurde 1920 eingeführt, um diese amerikanische Blattlaus zu bekämpfen. Jedoch sind nicht immer ausreichend Wespen zugegen, um die Ausbreitung einzudämmen.

— Vorbeugende Maßnahmen

- Breitbandinsektizide meiden und nur verwenden, wenn unbedingt nötig.
- Bäume stutzen, um sie lichter zu gestalten, Nachtrieb am unteren Teil des Stammes abschneiden.
- Am Ende des Winters den unteren Teil des Stammes und die Veredelungsstelle bürsten und mit Rapsöl-Insektizid einstreichen (s. S. 111).
- Auf Nützlinge (s. S. 20), wie Schlupfwespe (wenn eine Apfelblutlaus befallen ist, das heißt, wenn die Schlupfwespe ihr Ei ins Innere der Laus gelegt hat, verliert sie ihre „Wolle", bläht sich auf und wird schwarz), Zweipunkt-Marienkäfer, Florfliege, Schwebfliege und Meise (Nistkästen), setzen.
- Edelreis auf widerstandsfähige (M 106) oder wenig empfindliche Unterlagen veredeln.

— Bekämpfende Maßnahmen

Zuerst sollte man das Risiko abschätzen: 100 Triebe am unteren Teil der Bäume untersuchen; sind 10 % der Zweige befallen, sollte eingegriffen werden.

- Befallene Zweige abschneiden und verbrennen.
- Blutlauskolonien mit einer Lösung aus Kaliseife bürsten (s. S. 116), zu der 0,15 l Brennspiritus pro 1 l Mischung hinzugefügt werden.

Wollige Apfelblutläuse

Die wichtigsten Rasenschädlinge

Wird Rasen richtig und ohne übermäßige Düngung und Anwendung von chemischen Pflanzenschutzmitteln gepflegt, ist es möglich, ihn jahrzehntelang gesund zu erhalten. Vorbeugende Erhaltungsmaßnahmen sind u. a. folgende:

- Das ganze Jahr über mit hoher Mähwerkseinstellung mähen (mindestens 6 cm). Kurzer Rasen begünstigt die Eiablage von Engerlingen und Erdraupen, das Keimen von Unkraut, Moos sowie eine flache Verwurzelung der Pflanzen, welche sie anfälliger für Schädlinge und weniger widerstandsfähig gegen Trockenheit macht.
- Pflanzenabfälle liegen lassen, um die Bodenlebewesen (Bakterien, Regenwürmer, Pilze ...) mit Nährstoffen zu versorgen, sowie Mulchmähen (fein geschnittenes Gras) und Mulchen von Laub im Herbst betreiben.
- Im Herbst mit Kompost düngen (Komposterde), wenn der Rasen langsamer zu wachsen scheint.

Engerling

Engerlinge sind die Larven von Käfern der Familie der Blatthornkäfer, zu der Maikäfer, Gartenlaubkäfer und auch Rosenkäfer und viele andere gehören.
Gerade Maikäfer vermehren sich hier und dort stärker, obwohl sie seit mehreren Jahrzehnten seltener werden. Man erkennt sie leicht an ihrem dicken, weißen, geringelten Körper mit Füßchen und an ihrem braunen Kopf. Die Eiablage findet im Allgemeinen nach der Paarung im Juni im Boden in mehr als 10 cm Tiefe statt. Die Lebenserwartung der Larven im Boden schwankt je nach Art zwischen einem und drei Jahren.
Sie fressen vorwiegend einige Zentimeter tief im Boden vermodernde Pflanzenabfälle, lebende Wurzeln von Rasen-, aber auch von Gemüsepflanzen. Dort greifen sie vor allem den Wurzelhals an.
Die größten Schäden richten die Larven am Ende ihres Zyklus an, kurz bevor sie sich in ausgewachsene Tiere verwandeln.

Achtung, Verwechslungsgefahr!
Engerlinge, die man manchmal im Kompost findet, sind Larven des Gemeinen Rosenkäfers. Sie fressen keine Pflanzenwurzeln, sondern sind Destruenten, die zur schnelleren Kompostzersetzung und damit zur Humusbildung beitragen.

Die Larve des Gemeinen Rosenkäfers ähnelt jener des Maikäfers sehr stark.

Gartenlaubkäfer

— Vorbeugende Maßnahmen

- Keine nicht verrotteten Pflanzenabfälle im Boden verscharren, wenn Rasen oder ein Gemüsegarten angelegt wird.
- Nach der Urbarmachung einer Wiese keine empfindlichen Pflanzen wie Salat oder Kartoffeln anbauen.
- In befallenem Gebiet ein Jahr lang Hülsenfrüchte anbauen.
- In Jahren mit Maikäferflug die Erde im September und dann in den beiden folgenden Jahren zwischen Mai und Juni bearbeiten, um möglichst viele Engerlinge zu töten.
- Siehe auch Schnakenlarven, S. 83.

— Bekämpfende Maßnahmen

- Sobald erste Schäden sichtbar sind und nachdem festgestellt wurde, dass Engerlinge in der Erde sind, *Heterorhabditis-bacteriophora*-Nematoden verteilen (s. S. 105).

Schnakenlarve

Schnakenlarve

Es handelt sich um die Maden von Schnaken, einer Art großen, dämmerungsaktiven Mücke, die nicht sticht. Die Larve hat keine Füßchen und rollt sich nicht ein, ganz im Gegensatz zur Erdraupe der Eulenfalter, einer Raupe. Die wichtigste Art durchlebt ihren Zyklus in einem Jahr. Der Flug der ausgewachsenen Tiere findet von August bis September statt, gleich darauf folgt die Eiablage. Die Eier werden in den Boden, hauptsächlich auf den Rasen gelegt. Ein feuchter und milder Spätsommer sowie ein niedriger Rasen begünstigen die Eiablage. Die Larven (Destruenten) ernähren sich vor allem im Frühjahr von Pflanzenabfällen und Wurzeln (Rasen, Gemüsepflanzen, Blumen ...). Der Rasen kann stellenweise gelb werden. Im Gemüsegarten kommen sie nachts an die Oberfläche, um die oberirdischen Pflanzenteile zu fressen (Wurzelhals, junge Blätter).

Ausgewachsene Schnake (auch: Mücke) im Herbst

— Vorbeugende Maßnahmen

- Vögel, wie Stare (Nistkästen mit einem Einflugloch mit 34 mm Durchmesser) und Amseln, Amphibien (s. S. 35) und Laufkäfer (s. S. 33) fördern.
- Mit hoher Mähwerkseinstellung mähen, den Rasen nicht gießen.

— Bekämpfende Maßnahmen

- An betroffenen Stellen *Steinernema-carpocapsae*-Nematoden verteilen (s. S. 105).
- Maden durch Umgraben beseitigen (gilt vor allem für den Gemüsegarten).
- Im Herbst neuen Rasen in die Lücken säen.

Maulwurf

Dieses insektenfressende Säugetier hat gute Seiten. Seine Gänge tragen dazu bei, den Boden zu entwässern und zu belüften. In Wiesen begünstigen sie das spontane Wachsen einjähriger Blumen, wie Klatschmohn, blaue Kornblume oder Kornrade, die anders nicht überleben könnten. Es ist wichtig, zu beachten, dass die Erde von Maulwurfshügeln weder reich an Humus noch reich an Mikroorganismen ist und sich daher kaum für Topfpflanzen eignet.

Maulwürfe fressen hauptsächlich Regenwürmer (mehr als 90 % ihrer Nahrung), verschmähen aber auch Engerlinge, Erdwürmer, Schnellkäferlarven und selbst Nacktschnecken, die ihnen über den Weg laufen, nicht. Man sollte sich jedoch nicht auf sie verlassen, wenn es um die Bekämpfung von Bodenschädlingen geht.

Maulwurfshügel im Rasen stellen ein Problem beim Rasenmähen dar und seine Gänge schwächen die Pflanzen im Gemüsegarten und ebnen den Weg für Feld- und Wühlmäuse.

Abschreckmittel sind nur begrenzt sinnvoll, da die meisten von ihnen, wie Infraschall oder Metallstangen mit Plastikflaschen, die in den Rasen gesteckt werden, wenig wirksam sind.

— Vorbeugende Maßnahmen

- Ihre natürlichen Feinde (Wiesel, Raubvögel ...) fördern.

— Bekämpfende Maßnahmen

- Maulwurfslebendfallen (s. S. 122) aufstellen und Vergrämungsmittel ausbringen.

Maulwurf

Frische Maulwurfshügel

Die wichtigsten Schädlinge: Bäume, Sträucher und mehrjährige Zierpflanzen

Allgemeine Schädlinge

Pflanzenfressende Milben

Wie die meisten Schädlinge von Kulturpflanzen kommen diese Tiere im Bio-Garten relativ selten vor, da sie zahlreichen Fressfeinden, vor allem Raubmilben (s. S. 104), zum Opfer fallen. Sind jedoch keine Raubtiere zugegen, etwa weil Insektizide falsch angewendet worden sind, gedeihen diese Milben besonders in einem warmen und trockenen Mikroklima gut.

Die winzigen Tierchen (kleiner als 2 mm) der Obst befallenden Art *Panonychus ulmi* werden oft als „Rote Spinnen" oder „Obstbaumspinnmilben" bezeichnet. Obwohl sie, genauso wie Spinnen, zu den Spinnentieren gehören, sind sie doch keine Spinnen. Letztere sind gefürchtete Raubtiere und besonders nützlich. Bestimmte Arten spinnen feine Netze unter Blättern und können nur mit der Lupe beobachtet werden.

Spinnmilben befallen von Mai bis Oktober je nach Art zahlreiche Kulturpflanzen, vorrangig Obst- sowie Zierbäume und -sträucher, Zimmerpflanzen sowie Gemüsepflanzen im Gewächshaus. Durch ihre Bisse, bei denen sie die Pflanze aussaugen, verlieren die Blätter stellenweise ihre Farbe und trocknen in weiterer Folge aus.

— Vorbeugende Maßnahmen

- Nützlinge (s. S. 20), vor allem Raubmilben, Florfliegen und Raubwanzen, fördern.
- In Gewächshäusern, Veranden und Zimmern mulchen und lüften, um die Luftfeuchtigkeit zu steigern (mindestens 60 %) und die Temperatur zu senken. Mit Wasser gefüllte Schälchen aufstellen.
- Die Blätter in trockenen, heißen Perioden mit Wasser in einem feinen Sprühnebel besprenkeln (benetzen).

— Bekämpfende Maßnahmen

- Obstbäume mit Schwefel behandeln, wenn die Temperaturen unter 25 °C liegen (auch gegen Mehltau sowie gegen Apfel- und Birnenschorf hilfreich). Aber Vorsicht! Schwefel tötet auch einen Teil der nützlichen Milben.
- Beginnenden Befall (Mai bis Juni) sowie im Winter mit Rapsöl (s. S. 111) oder Paraffinöl behandeln.
- In Glashäusern, Veranden und Zimmern natürliche Gegenspieler einführen: Raubmilben (*Phytoseiulus persimilis*, s. S. 104), Florfliegen, Raubwanzen (*Macrolophus*) ...

Oligonychus ununguis – Nadelbaumspinnmilbe; diese befällt vorwiegend Fichten und Thujen.

Kuckucksspucke (Schaum- und Blutzikade)

Die Weibchen verschiedener Arten der Schaumzikaden bedecken ihre Eier und Larven mit einem luftigen Schaum (der sogenannten „Kuckucksspucke"), um sie vor dem Austrocknen und vor Fressfeinden zu schützen. Auch die sehr häufig vorkommenden Blutzikaden, Verwandte der Schaumzikaden, schützen sich als Larven mit einem Schaum. Sie sind auffallend rot-schwarz gefärbt. Andere Arten wiederum sind grün. Die ausgewachsenen Tiere springen, wenn sie sich bedroht fühlen. Die Larven ernähren sich - von ihrem Schaum umgeben und geschützt - vom Saft von Pflanzen. Nichts Schlimmes also. Der einzige Schaden, den sie anrichten, ist ästhetischer Natur. Diese Zikaden „bewohnen" zahlreiche Pflanzen (mehrjährige Pflanzen, Sträucher).

— Vorbeugende Maßnahmen

- Insektenfressende Vögel fördern (s. S. 36).

— Bekämpfende Maßnahmen

- Wenn sie zu unästhetisch werden, genügt es, den Schaum mit einem Wasserstrahl oder mit dem Daumen zu entfernen (s. S. 100). Ohne den schützenden Schaum stirbt die Larve.

Schildlaus

Diese kleinen, stechenden und saugenden Schädlinge (2 mm) greifen zahlreiche Gartenpflanzen sowie grüne Zimmerpflanzen, wie Zitruspflanzen, Kamelie, Japanischen Spindelstrauch, Ölweide, Linde, Ahorn, Olivenbaum, Marillenbaum oder Rosenstrauch, an. Sie siedeln sich auf der Blattunterseite und entlang der Zweige an. Es existieren zahlreiche Arten (Schmierlaus, Hortensien-Wollschildlaus, Deckelschildlaus ...). Diese sind nicht leicht zu bestimmen.

Die Spindelstrauch-Deckelschildlaus ist eine der bekannteren Arten. Das Weibchen legt die Eier zu

Eine Zikadenlarve verlässt ihre „Kuckucksspucke".

Weiche Schildläuse

Rebenschildlaus mit Eisack

Deckelschildlaus

Beginn des Winters unter ihrem Panzer ab. Ab dem Schlüpfen gegen Ende Mai bewegen sich die Larven auf den Zweigen, um Blätter zu fressen (sie punktieren die Blätter genau bei den Blattadern, um an den Saft zu kommen). Auf dem Honigtau, den sie ausscheiden, bildet sich oft Rußtau, ein schwarzer Pilz, der die Blätter ersticken kann. Wenn die Schildläuse ausgewachsen sind, setzen sie sich am Ast als kleine Höcker fest. Die befallenen Blätter fallen aus und die Pflanze stirbt.
Sie fühlen sich in heißem, zu trockenem Klima und bei übertriebener Düngung in einem wenig lebendigen Boden wohl.

— Vorbeugende Maßnahmen

- Bei empfindlichen Pflanzen durch Stutzen für eine gute Durchlüftung sorgen.
- Mulchen, um den Boden feucht, lebendig und fruchtbar zu halten, aber ohne einen Überschuss von Nährstoffen zu verursachen und um den Pflanzen ihre natürlichen Lebensbedingungen bereitzustellen. Humusarmen Erdkompost verwenden.
- Nützlinge (s. S. 20), wie Schwebfliegen, Florfliegen, Zwergmarienkäfer, Raubwanzen und insektenfressende Vögel, fördern.

— Bekämpfende Maßnahmen

- Wenn nötig (junge oder geschwächte Pflanzen), mit Kaliseife (s. S. 116) und Brennspiritus besprühen (ein Teelöffel Seife pro Liter).
- Kolonien mit Rapsöl-Insektizid (s. S. 111) besprühen, auch als Winterbehandlung.
- Schildläuse von Zimmerpflanzen (Orchidee, Feige ...) mit einem in Alkohol und Kaliseife getränkten Wattestäbchen entfernen.

Dickmaulrüssler

Dieses Insekt aus der Familie der Rüsselkäfer (10 mm) hat eine dunkle Farbe und kann auf Zierpflanzen beträchtlichen Schaden anrichten, sehr selten auch im Gemüsegarten. Es greift Goldorange, Zwergmispel, Steinlorbeer, Lorbeerkirsche, Flieder, Rhododendron, Liguster und manchmal auch Erdbeerpflanzen an. Diese Käfer haben keine Flügel und stellen sich tot, sobald sie entdeckt werden. Ab Frühling kriechen die ausgewachsenen Tiere nachts aus ihrem Bodenversteck heraus auf Pflanzen und fressen ihre Blätter, wobei sie zuerst runde Einkerbungen in den Rand fressen. Die weißen, relativ kleinen (max. 14 mm) Larven im Boden ähneln jungen Maikäferlarven schwach (s. S. 82) und fressen die Pflanzenwurzeln. Betroffene Pflanzen werden langsam welk und sterben in manchen Fällen sogar.

Ausgewachsener Dickmaulrüssler

Von Dickmaulrüsslern durchlöcherte Blätter

— Vorbeugende Maßnahmen

- Keine bereits befallenen Pflanzen kaufen.
- Bodennützlinge fördern, die die jungen Larven ausmerzen: Laufkäfer, Tausendfüßler, Moderkäfer ... (s. S. 20), vor allem aber mit totem Laub mulchen und in Trockenzeiten unter befallenen Pflanzen gießen.

— Bekämpfende Maßnahmen

In einem Garten mit Artenvielfalt und bei gut wachsenden Pflanzen kaum nötig.

- Gegen ausgewachsene Tiere hilft oft ein Leimgürtel (s. S. 109), der an befallenen Bäumen befestigt wird. Diesen wieder abnehmen, sobald keine neuen Schäden mehr entstehen.
- Gegen ausgewachsene Tiere hilft es, eine Dickmaulrüsslerfalle (s. S. 112) am Fuße der befallenen Pflanzen aufzustellen.
- Gegen die Larven hilft es, mit einem Nematoden-Produkt (s. S. 105) wie *Heterorhabditis bacteriophora* oder *Steinernema feltiae* zu gießen.

Blattläuse

Zahlreiche Arten greifen Zierpflanzen im Garten (vor allem Schneeball, Kornelkirsche, Dahlie ...) an. Sie sind im Allgemeinen relativ unauffällig und richten wenig Schaden an.

Obwohl bestimmte Arten sich auf Obst- oder Gemüsepflanzen ausbreiten, muss man sie als „nützlich" für den Garten ansehen, da sie einen Nahrungsvorrat für Nützlinge bilden, welche dank ihnen ihr ganzes Leben lang gut genährt sind und so in größerer Zahl den Kampf gegen Schädlinge im Obst- und Gemüsegarten antreten können – also sich um Pflanzen kümmern, die wirklich geschützt werden müssen.

Deshalb sollte man Blattläusen gegenüber gelassen bleiben. Eingriffe sind nur gerechtfertigt, wenn es um frisch eingesetzte Pflanzen geht.

— Vorbeugende Maßnahmen

- Nützlinge fördern, vor allem, indem Blattläuse auf Zier- und Wildpflanzen nicht getötet werden. Diese dienen den Nützlingen als Vorratskammer.

— Bekämpfende Maßnahmen

Siehe S. 59.

Gespinstmotte

Die Raupen dieses Schmetterlings (verschiedener Arten) greifen eine große Zahl Bäume und Sträucher, wie Spindelstrauch, Kirschbaum (blühend oder früchtetragend), Pflaumen- und Apfelbaum, an. Ausgewachsene Tiere sind hübsche kleine, nachtaktive Schmetterlinge mit weißen, schwarz gesprenkelten Flügeln.

Die Eiablage findet am Ende des Sommers auf den Zweigen statt. Die gelben, schwarz gepunkteten Raupen schlüpfen im Frühjahr (bis zu 2 cm lang).

Larven der Gespinstmotte, mit Kokons und gemeinsamem Seidennest

Sie sind Herdentiere, rotten sich zusammen und spinnen gemeinsam Seidennester (Gespinste), die sehr stabil sind und sie vor Fressfeinden schützen. In ihrem Inneren fressen sie alle Blätter und bewegen das Nest anschließend zu neuen Blättern. Am Ende ihres Wachstums im Juni spinnt jede Larve einen weißlichen Kokon im Inneren des Gespinstes. Je nach Art kleben diese Kokons aneinander oder sind voneinander getrennt.

Sie können Pflanzen komplett kahl fressen. Deren Blätter regenerieren sich meistens nach dem Befall.

— Vorbeugende Maßnahmen

- Fledermäuse (s. S. 36) fördern, die diese nachtaktiven Schmetterlinge fangen.
- Anfang Herbst Rapsöl-Insektizid anwenden (s. S. 111), um die im Sommer gelegten Eier sowie die bereits geschlüpften Larven zu töten.

— Bekämpfende Maßnahmen

- Gespinste losschneiden und mitsamt Raupen und Kokons zerstören (nicht hautreizend). Wenn möglich an Hühner verfüttern.

Auf bestimmte Wirtspflanzen spezialisierte Schädlinge

Buchsbaum: Buchsbaumzünsler

Dieser aus Asien stammende Schmetterling kommt seit 2006 auch in Europa vor. Inzwischen wurde er im gesamten deutschsprachigen Raum gemeldet. Die Raupen fressen Buchsbaumblätter und sind in der Lage, diese Bäume schnell zugrunde zu richten.

Ausgewachsene Tiere erkennt man leicht an ihren weißen Flügeln mit braunen Rändern. Die Raupen sind gelb mit schwarzen Punkten und ähneln den Raupen des Kohlweißlings. In einem Jahr leben je nach Klima mehrere Generationen nach- und miteinander. Im Winter finden sich junge Raupen und Puppen in Blatt- und Seidenkokons in den Buchsbäumen. Aus diesen schlüpfen ab März junge Raupen, die beginnen, Blätter zu fressen. Die ersten ausgewachsenen Tiere tauchen im Juni auf und legen ihre Eier unter den Blättern ab. Die jungen Raupen aus dieser Generation fangen im Sommer an, Blätter zu fressen. Zwei bis drei Generationen entstehen so im Laufe eines Jahres bis zum Winter, wobei die Raupen die Blätter komplett zerstören und die Bäume nach und nach so gut wie kahl fressen. Es ist nötig, so schnell wie möglich, ab Frühling, einzugreifen, um zu verhindern, dass die Buchsbäume im Sommer befallen werden. Regelmäßige Beobachtung ab Frühling ist unabdingbar. Hierbei sollten der mittlere Teil und die Stämme der Sträucher genau unter die Lupe genommen werden.

Raupe des Buchsbaumzünslers

— Vorbeugende Maßnahmen

- Im März auf den Buchsbäumen vorhandene Kokons mit überwinternden Insekten entfernen und verbrennen, damit weniger Raupen schlüpfen.
- Keine Buchsbäume mehr pflanzen und auch nicht befallene Bäume durch neue ersetzen. Für Artenvielfalt sorgen.
- Mit neuen Sträuchern Abwechslung in die gestutzten und getrimmten Hecken bringen (Schmalblättriger Klebsame ...).
- Falls ein Buchsbaum abstirbt, zerschneiden und alle oberirdischen Teile verbrennen.

— Bekämpfende Maßnahmen

- Unter großen, in Form geschnittenen Buchsbäumen Tücher ausbreiten und mit einem Stock die Raupen herunterschlagen, einsammeln und zerquetschen.
- Raupen mithilfe eines Staubsaugers vom Baum saugen.
- Seidenfäden entfernen, die sehr oft um befallene Äste gewickelt sind und so schnell wie möglich, vorzugsweise abends oder frühmorgens, Bt (s. S. 107) anwenden (nur bei jungen Raupen). Die Behandlung insgesamt zwei- bis dreimal in Abständen von drei Wochen wiederholen, um die verschiedenen Generationen junger Raupen zu zerstören. Ältere Raupen halten dem Insektizid stand. Diese, wenn möglich, einfangen (geht einfach mit der Hand) und zerquetschen. Im Sommer und im Herbst erneut eingreifen, falls neue Raupengenerationen auftauchen.

Nach einem ersten Angriff und einer ersten Behandlung gießen, um die Bildung neuer Blätter anzuregen.

Eiche: Eichenprozessionsspinner

Eine Eichenprozessionsspinnerraupe mit ihren gefährlichen Brennhaaren

Eichenprozessionsspinnerraupen fressen Eichenblätter und besitzen hautreizende Brennhaare, die sowohl für Menschen als auch für Tiere sehr gefährlich sind. Diese Insekten kommen in vielen Teilen Europas vor und verbreiten sich nach und nach auch im deutschsprachigen Raum. Sie sind nachtaktiv und fliegen von Ende Juli bis Mitte September, je nach Gebiet. Die Eiablage erfolgt auf Zweigen hoch oben im Baum. Die dunkelbraunen Raupen schlüpfen im Frühjahr und fressen bei Nacht junge Blätter. Tagsüber verstecken sie sich in einem gemeinsamen Seidenkokon.

Im Sommer spinnen sie ein widerstandsfähiges Nest aus Seidenfäden, die auf Hauptästen oder Stämmen kleben. Dieses erreicht eine Länge von bis zu 1 m oder mehr und beherbergt Puppen in einzelnen Kokons. Die ausgewachsenen Tiere schlüpfen nach einem Monat.

— Vorbeugende Maßnahmen

Für sich allein ist keine Maßnahme effektiv. Man sollte alle Maßnahmen gemeinsam und ergänzend anwenden.

- Ab Juli Pheromonfallen aufstellen (s. S. 113).
- Fledermäuse (s. S. 36) fördern, um die nachtaktiven Schmetterlinge im Sommer zu bekämpfen.
- Nistkästen für Meisen anbringen (s. S. 46), um die Eier und die jungen Raupen im Frühjahr zu bekämpfen. Eine Meise frisst an einem einzigen Tag bis zu etwa vierzig Raupen, die sie direkt aus ihren Seidenverstecken holt.

— Bekämpfende Maßnahmen

- Bt anwenden (s. S. 107), um ab April die jungen Raupen zu töten, die noch keine hautreizenden Fähigkeiten besitzen und sich auf kleinen, leicht zugänglichen Bäumen befinden.
- Die Seidennester von Fachmännern entfernen lassen (absaugen oder abflammen) – Ganzkörperschutz ist dabei unverzichtbar!
- Im Akutfall kann auch mit Pyrethrum-Präparaten gegen die frei fressenden Raupen vorgegangen werden.

Fuchsie: Fuchsiengallmilbe

Diese winzige Gallmilbe (*Aculops fuchsiae*), die mit freiem Auge nicht zu erkennen ist, kam in den 2000er Jahren über Frankreich nach Europa und breitet sich seitdem immer weiter aus. Sie zerstört viele Pflanzenarten, vor allem frostresistente (Scharlach-Fuchsie). Die Milbe lässt sich zuerst auf gelbe Blätter nieder, die sie mit einem weißlichen Schleier einhüllt (nicht zu verwechseln mit Mehltau) und die sich aufgrund ihrer Stiche rot verfärben, aufblähen und rötliche Geschwüre bekommen.

Auch die Blüten sind betroffen. Die Milbe pflanzt sich in den Geschwüren fort und kolonisiert nach und nach die gesamte Pflanze sowie die Nachbarpflanzen.

— Vorbeugende Maßnahmen

- Unempfindliche Fuchsienarten setzen: *Fuchsia microphylla, F. thymifolia*, 'Baby Chang', 'Chance Encounter', 'Isis', 'Mendocino Mini', 'Miniature Jewels', 'Ocean Mist', 'Space Shuttle' (Quelle: FREDON; Französischer Verband für Schädlingsbekämpfung in der Bretagne)
- Keine Stecklingsvermehrung und kein Austausch von Pflanzen zwischen Gärtnern.

— Bekämpfende Maßnahmen

Momentan ist noch keine kurative Bekämpfungsmaßnahme bekannt.

- Befallene Pflanzen abschneiden, ausreißen und oberirdische Teile verbrennen (Zerstörung ist zwingend).
- Mehrere Jahre lang keine neuen Fuchsien am selben Ort pflanzen.
- Das Auftreten dieses Schädlings ist den zuständigen Pflanzenschutzämtern zu melden.

Lilie: Lilienhähnchen

Dieser schöne, kleine Käfer (8 mm) ist leicht an der intensiv roten Körperoberseite und der schwarzen Unterseite erkennbar. Ausgewachsene Tiere überwintern im Boden und kommen im Frühling hervor, um ihre kleinen, roten Eier unter Lilien- und manchmal auch unter Fritillaria- oder Weißwurzblättern abzulegen. Die gelb-orangen Larven bedecken sich mit ihren Exkrementen, wahrscheinlich zum Schutz vor Austrocknung und Fressfeinden. Ausgewachsene Tiere fressen Lilienblätter und -knospen, was zum Tod der Pflanze führen kann. Lilienhähnchen haben sehr wenige natürliche Feinde.

Von Fuchsiengallmilben befallenes Blatt

Lilienhähnchen

— Vorbeugende Maßnahmen

Sehr oft ist es nicht möglich, Lilienhähnchen effektiv zu bekämpfen. In diesen Fällen besteht die sinnvollste Maßnahme darin, die Lilien durch Taglilien zu ersetzen, mehrjährige Pflanzen, die unempfindlich gegen Schädlinge sind. Verschiedene Arten mit unterschiedlichen Blütezeiten erlauben es, von Mai bis Juli von ihrem Erblühen zu profitieren. Bestimmte Arten, wie die Zitronen-Taglilie, duften intensiv.

— Bekämpfende Maßnahmen

- Ausgewachsene Käfer einsammeln: ein weißes Tuch unter den Lilien ausbreiten und auf die Pflanzen klopfen, damit die Tiere herabfallen. Die Tiere zerquetschen oder in Seifenwasser ertränken. Sie fallen auf den Rücken mit der schwarzen Unterseite nach oben, was es schwierig macht, sie zu entdecken.
- Larven mit einem Wasserstrahl herunterspülen.
- Sobald ausgewachsene Tiere auftauchen, mit einem Insektizid auf Pyrethrum-Basis (s. S. 115) behandeln.

Miniermottengänge in einem Kastanienblatt

Gemeines Spargelhähnchen

Dieses kleine, schwarze Insekt mit weißen Punkten bekämpft man ähnlich wie das Lilienhähnchen.

Rosskastanie: Miniermottenraupe

Dieser kleine nachtaktive, invasive Schmetterling vom Balkan befällt seit 1984 Rosskastanien. Im Frühling schlüpfen die Schmetterlinge aus ihren Puppen (die in altem Laub auf dem Boden entstehen), paaren sich und legen Eier auf den Blättern ab. Die jungen Raupen fressen sich in die Blätter und graben lange Gänge (Minen), die die gesamte Blattoberfläche überziehen können. Die Blätter fallen dadurch vorzeitig ab.
Von Mai bis September leben drei Generationen und befallen auch die im Sommer nachwachsenden Blätter.

— Vorbeugende Maßnahmen

- Zu Beginn des Frühjahres speziell auf Rosskastanienminiermotten (s. S. 92) ausgerichtete Pheromonfallen, um die Männchen einzufangen, könnten laut einer französischen Studie zum Thema wirksam sein. Dies würde es erlauben, den Befall der Blätter um 45 % zu reduzieren[5] (Zulassung beachten!).
- Herabfallende Blätter vor allem im Herbst regelmäßig entfernen und zerkleinern (Rasenmäher, Staubsauger, Häcksler) und aktiv mit Küchen- und Rasenabfällen etc. kompostieren. Die Zerkleinerung fördert die Zersetzung und zerstört einen Großteil (mehr als 80 %) der Larven und Puppen auf den Blättern. Die hohe Temperatur im Kompost (mehr als 50 °C) trägt zur Tötung der Larven bei.
- Nistkästen für Blaumeisen (s. S. 46) und Unterschlüpfe für Fledermäuse (s. S. 36) anbringen, da diese Jagd auf weibliche Schmetterlinge machen.

— Bekämpfende Maßnahmen

Keine.

5 CHAPEL N. [2009]. La mineuse du marronnier (Cameraria ohridella). Essai d'efficacité du piégeage par phéromone en milieu urbain. Essai du parc bordelais, 2008. Arbres et Sciences 17 : S. 19–26

Kiefer (Pinie): Pinienprozessionsspinner

Die Raupe dieser wärmeliebenden Art aus dem Mittelmeerraum sorgt bereits vereinzelt auch in Südösterreich und der Südschweiz für Probleme. Sie frisst Nadeln und schwächt so die Bäume. Wird sie bedroht, schießt sie reizende, Hautausschlag verursachende Härchen, die Harpunen ähneln, bis zu 80 cm weit (winzige, unter Hautfalten versteckte Härchen). Diese bohren sich in Haut und Schleimhäute von Menschen und Tieren und verursachen dort schwere Irritationen und manchmal sogar Ödeme, Augenschäden und allergische Reaktionen ... Diese Haare bleiben lange in den Seidennestern. Um die Raupe besser zu bekämpfen, ist es wichtig, ihren Lebenszyklus zu kennen.

Die ausgewachsenen, nachtaktiven Tiere (4 cm) schlüpfen je nach Gebiet zwischen Juni und September. Die Weibchen legen ihre Eier in Gruppen von 200 Stück an den Nadelansätzen und auf jungen Zweigen ab. Die jungen Raupen schlüpfen im Herbst und bewegen sich anfangs im Freien. Sie bauen kleine, nicht dauerhafte Seidennester. Gegen Mitte November versammeln sie sich und spinnen gemeinsam geräumige Kokons (über 20 cm groß) zur Überwinterung. Diese verlassen sie nachts, um Nadeln zu fressen. Im Frühjahr, je nach Region zwischen Februar und Juni, kriechen sie die Bäume im Gänsemarsch, in einer Art „Prozession" hinunter, um auf den Boden zu gelangen. Sie suchen die wärmsten Bereiche (über 20 °C) auf, um sich einzugraben und sich in neue Schmetterlinge zu verwandeln, die die Erde dann im Sommer verlassen.

Verwandt ist die Kiefernprozessionsspinnerraupe, die auch in Deutschland zu finden ist.

— Vorbeugende und bekämpfende Maßnahmen

Effiziente Bekämpfungsmaßnahmen müssen zugleich präventiv und kurativ wirken und das Insekt während allen Entwicklungsstadien angreifen.

Für sich allein ist keine Maßnahme effektiv. Man sollte alle Maßnahmen gemeinsam und ergänzend anwenden.

- Ab Juni Pheromonfallen aufstellen (s. S. 112), um die Männchen zu fangen.
- Fledermäuse (s. S. 36) fördern, um die Bestände der nachtaktiven Tierchen im Sommer zu verkleinern.
- Nistkästen für Meisen aufhängen (s. S. 46), um die Anzahl der Eier und der jungen Larven im Herbst zu reduzieren. Eine Meise frisst an einem einzigen Tag bis zu etwa vierzig Raupen, die sie direkt aus ihren Seidenverstecken holt.
- Nützlinge im Boden, wie Laufkäfer (s. S. 20), fördern.
- Raupen mit einer um den Baumstamm gewickelten Falle (s. S. 112) einfangen, wenn sie hintereinander am Baumstamm hinunterkriechen. Diese Falle erlaubt es auch, das Risiko für Haustiere zu senken, mit den hautreizenden Härchen der Raupen am Boden in Kontakt zu kommen.
- Als letzter Ausweg in befallenen Gebieten keine Kiefern/Pinien setzen bzw. befallene Bäume umschneiden lassen.

Raupen in einer Reihe am Boden

◗ Bt (s. S. 107) anwenden, um die jungen Raupen auf den kleinen Bäumen im Herbst abzutöten (zum Schutz s. weiter unten). Die jungen Larven haben noch keine hautreizenden Eigenschaften.

◗ Seidennester von Fachmännern im Winter entfernen (abflammen) lassen (Ganzkörperschutz ist unverzichtbar)!

Rosmarin und Lavendel: Blattkäfer

Dieser schöne Käfer aus der Familie der Kartoffelkäfer ist etwas größer als ein Marienkäfer (8 mm) und frisst gierig die Blätter von Lavendel, Rosmarin und anderen Lippenblütlern wie Thymian. Die Käfer, von denen die meisten Arten Wildpflanzen befallen, kommen in heißeren Regionen Südeuropas häufig vor. Durch den Klimawandel besiedelt der Käfer jedoch zunehmend auch nördliche Gebiete, so wurde er vereinzelt schon in Deutschland gesichtet.

Die Larven sind gräulich mit braunen Streifen und ähneln Kartoffelkäferlarven. Die ausgewachsenen Tiere sind metallisch-purpurrot mit hellgrünen Streifen. Ein sehr schönes Tier!

Wenn sich nicht zu viele Tiere im Garten befinden und die Pflanzen nicht darunter leiden, ist ein Eingriff überflüssig.

— Vorbeugende Maßnahmen

◗ Räuberische Nützlinge (Wanzen ...) fördern.

— Bekämpfende Maßnahmen

◗ Die Insekten vorzugsweise morgens einfangen: ein großes Tuch unter die Pflanzen legen und anschließend die Larven und die ausgewachsenen Insekten herunterschlagen oder -schütteln.

◗ Bei starkem Befall ein Bio-Insektizid auf Pyrethrum-Basis zweimal – im Abstand von einer Woche – anwenden.

Rosmarin-Blattkäfer

Rosenstrauch

Blattläuse

Zahlreiche Arten (Große Rosenblattlaus ...) entwickeln sich auf Rosensträuchern, vor allem bei jungen Trieben, Knospen oder an der Blattunterseite.

In einem nützlingsfreundlichen Garten besteht kein Grund zur Sorge, da die Nützlinge die Blattläuse gut unter Kontrolle haben. Eingegriffen sollte lediglich bei jungen, frisch eingesetzten Rosensträuchern werden.

Das Abspritzen mit einem Wasserstrahl ist sehr effektiv und geht viel schneller als die Zubereitung von Jauche, die Verteilung von Kaffeesatz, Knoblauchzehen oder anderer Substanzen, deren Wirkung zu wünschen übrig lässt ...

Rosarote Blattlaus auf einer Rosenknospe

Gelbe Stachelbeerblattwespe

Die Larven dieser Tiere aus der Familie der Echten Blattwespen beschädigen manchmal auch Rosenblätter (s. S. 75).

Schaumzikade (Kuckucksspucke)

Siehe S. 86.

Mehrjährige Pflanzen: Nacktschnecken und Schnecken

Diese greifen viele mehrjährige Gartenpflanzen an, die wegen ihrer Blätter oder Blüten gehalten werden, vor allem Funkien[6] (s. S. 12) und Rittersporn, deren Blätter in feuchten Frühjahren stark geschädigt werden können.

Man kann diese Pflanzen immer schützen, jedoch muss man zur richtigen Zeit eingreifen, wenn die jungen Triebe aus dem Boden wachsen. Die regelmäßige Anwendung von Schneckenkorn ist außerdem kostspielig.
Ökologisch und finanziell gesehen ist es wahrscheinlich klüger, mehrjährige Pflanzen zu setzen, die dem unbändigen Appetit der Weichtiere widerstehen. Davon gibt es zahlreiche, also warum sich auf empfindliche Pflanzen versteifen? Die Tabelle auf der nächsten Seite zeigt einige sehr widerstandsfähige Pflanzen, ist jedoch nicht vollständig und Sie können sie gerne mit Ihren eigenen Erfahrungen – sowohl mit Erfolgen als auch mit Misserfolgen – ergänzen.
Natürlich ist es auch entscheidend, dem Boden, der Lage und dem Mikroklima des Standortes angepasste Pflanzen zu wählen (s. S. 12).

6 Bestimmte Arten werden nur selten von Weichtieren gefressen: 'Love Pat', 'Halcyon', 'Sum and Substance', 'Sugar and Cream', 'Chinese Sunrise' etc. (Quelle: Didier Willery)

Einige gegen Nacktschnecken und Schnecken resistente mehrjährige Pflanzen

Frühlingsblumen: Mehrjährige und Zwiebelpflanzen	Mehrjährige Sommerblumen	Mehrjährige Herbstblumen
Akelei	Alant	Herbst-Eisenhut (*Aconitum carmichaelii*)
Buschwindröschen	Mädchenauge (*Coreopsis verticillata*)	Astern (auch gegen Mehltau resistente Arten): Raublatt-Aster (*A. novae-angliae*), *A. frikartii*, *A. ericoides*, *A. ageratoides*, *A. divaricatus*
Echter Eisenhut (ähnelt dem Rittersporn, sehr widerstandsfähig)	Montbretie (*Crocosmia* subsp.)	Garten-Chrysantheme
Fingerhut	Farn	Herbst-Alpenveilchen
Gamswurzen	Katzenminze	Japanische Herbst-Anemone
Gefleckte Taubnessel	Knöterich	Knöterich
Geranie	Kronen-Lichtnelke (*Lychnis coronaria*)	Prächtige Fetthenne
Hyazinthe	Mazedonische Witwenblume	Silberkerze
Kaukasusvergissmeinnicht	Raute	…
Lungenkraut	Rindsauge	
Mädchenaugen	Rudbeckie	
Muscari	Salbei	
Narzisse	Schafgarbe	
Nelkenwurz	Schnee-Felberich	
Nieswurz	Sonnenbraut	
Pfingstrose	Sonnenhut	
Purpurglöckchen	Strauchpappeln	
Tränendes Herz	Taglilien	
Türkischer Mohn	Wiesenraute	
Wolfsmilch	Zieste	
…	…	

Echter Eisenhut

Gamswurzen

Sonnenbraut 'Moerheim Beauty'

Purpursonnenhut

Chrysantheme 'Clara Curtis'

Aster 'Alma Pötschke'

Schädlinge bekämpfen: Vorbeugende und bekämpfende Maßnahmen

- Überblick über zur Verfügung stehende Mittel
- Mittel gegen Insekten und Milben
- Mittel gegen Weichtiere
- Mittel gegen Vögel, Kaninchen, Maulwürfe, Feld- und Wühlmäuse

Überblick über zur Verfügung stehende Mittel

Wie man dem Garten Gutes tut

Schneiden

Eine radikale Lösung, die das Problem oft löst. Junge Apfelbaumzweige, die von Apfelblutläusen befallen sind, kann man beispielsweise abschneiden, zerkleinern und kompostieren.

Einsammeln

Man kann Schädlinge (zum Beispiel Kartoffelkäfer) händisch einsammeln oder sie auf ein weißes, unter den Pflanzen gespanntes Tuch fallen lassen, indem man die Pflanzen ein paar Mal fest schlägt, jedoch ohne diese zu beschädigen. Das funktioniert gut bei Apfelblütenstechern (auf jungen Apfelbäumen), Lilienhähnchen, Blattkäfern, Weichtieren und Raupen.

Wasserspritzen

Der Wasserstrahl ermöglicht es, Schädlinge von den Pflanzen auf den Boden zu befördern, z. B. Blattläuse, junge Schildläuse, die sich noch nicht festgesetzt haben, Hähnchenlarven, Raupen, Blattwespenlarven, Zikaden (Kuckucksspucke) ... Sehr oft klettern nur wenige der herabfallenden Insekten wieder auf die Pflanze zurück. Werden die Pflanzen ein zweites Mal abgespritzt, fallen die Tiere erneut herunter ... Es empfiehlt sich, den Zustand der Pflanzen nach einigen Tagen zu überprüfen, da möglicherweise in der Zwischenzeit neue Schädlingslarven aus ihren Eiern geschlüpft sind.

Befallene Blätter abschneiden (von Lauchmottenlarven befallener Lauch)

Ein Wasserstrahl zum Herunterwaschen von Blattläusen, Raupen etc.

Das regelmäßige Aufkratzen des Bodens mit einer Zinkenhacke trocknet die Erde oberflächlich (10 cm) aus, wodurch zahlreiche Schädlinge abgetötet werden.

Der Wasserstrahl sollte stark genug eingestellt sein, sodass er die Insekten herunterspült, aber nicht so stark, dass die Pflanzen beschädigt werden. Ist kein Gartenschlauch, der mit einem Wasserhahn verbunden werden kann, vorhanden, kann auch eine unter Druck stehende Sprühflasche mit leicht abgeschraubter Düse verwendet werden.

Den Boden bearbeiten

Dadurch werden die Schädlinge im Boden (Schnellkäfer, Engerlinge, Nacktschnecken ...) Trockenheit, Hitze und Fressfeinden ausgesetzt. Bodenbearbeitung (mit Grabegabel, Zinkenhacke ...) stellt ein gutes Mittel dar, um Schädlingspopulationen zu verkleinern. Man sollte die warmen und trockenen Zeiträume im Frühling (April) dazu nutzen, den Boden mehrmals mit einer Zinkenhacke umzustechen.

Bleiben Sie informiert!

Interessierten Hobbygärtnern stehen eine Reihe von Informationsquellen – gedruckt und digital – zur Verfügung, um bezüglich wichtiger Probleme (Krankheiten oder Schädlinge) oder Pflanzenschutzmittel auf dem Laufenden zu bleiben. Die Landwirtschaftskammern informieren über Schaderreger, Pflanzenschutzmittelzulassungen und geben spezielle Tipps für Haus- und Kleingärten. Broschüren zum Thema sowie Newsletter werden ebenfalls von vielen dieser Organisationen angeboten. Primär für die Landwirtschaft gedacht sind die Pflanzenschutzdienste und die Fachmeldungen der AGES oder des Bundesamtes für Ernährungssicherheit in Österreich oder des Bundesamtes für Verbraucherschutz und Lebensmittelsicherheit in Deutschland. Zeitschriften wie „Der Pflanzenarzt“ oder „Landwirt“ informieren ebenfalls professionelle Landwirte über aktuelle Themen.

Zur Verfügung stehende Produkte

Produkte, die im Bio-Gartenbau erlaubt sind

Um in der Landwirtschaft zu einer bestimmten Verwendung zugelassen zu sein, müssen Pflanzenschutzmittelwirkstoffe zuerst auf EU-Ebene zugelassen werden. Die Bewertung und Prüfung der Wirkstoffe erfolgt in einem Gemeinschaftsverfahren der EU. Die Mitgliedsstaaten prüfen gemeinsam mit der Europäischen Kommission und der Europäischen Behörde für Lebensmittelsicherheit – EFSA – die Wirkstoffe, vor allem hinsichtlich Umweltverträglichkeit, toxikologischen Eigenschaften und Rückstandsverhalten. Wird ein Wirkstoff für die Anwendung genehmigt, kann die Zulassung des Pflanzenschutzmittels in den jeweiligen Mitgliedsstaaten beantragt werden. Das Pflanzenschutzmittel wird in Österreich von der AGES, in Deutschland vom BVL bewertet und geprüft. Die Zulassung erfolgt in Österreich durch das Bundesamt für Ernährungssicherheit und in Deutschland durch das Bundesamt für Verbraucherschutz und Lebensmittelsicherheit. In der Schweiz ist das Bundesamt für Landwirtschaft für die Zulassung von Pflanzenschutzmitteln zuständig. Diese Zulassung gilt immer nur für ein Produkt und eine spezielle Verwendung. Des Weiteren werden die Anwendungsbedingungen, wie Häufigkeit, Wartezeiten zwischen letzter Behandlung und Ernte, Mindestabstände zu Gewässern, Einschränkungen der Anwendung zum Schutz von Bienen etc., festgelegt. Nach spätestens zehn Jahren muss – nach neuerlicher Bewertung – um eine Verlängerung der Zulassung angesucht werden.

Dieses Verfahren findet auch bei der Zulassung von Produkten für den Bereich der biologischen Landwirtschaft und damit auch für den Bio-Gartenbau Anwendung. Eine Auflistung aller in der biologischen bzw. ökologischen Landwirtschaft erlaubten Pflanzenschutzmittel findet sich

Die Verwendung von Pflanzenschutzmitteln unterliegt strengen Vorgaben.

- für Österreich unter http://www.infoxgen.com (Betriebsmittelbewertung für die biologische und gentechnikfreie Landwirtschaft in Österreich),
- für Deutschland unter http://www.betriebsmittelliste.de (Betriebsmittelliste für den ökologischen Landbau in Deutschland)
- und für die Schweiz unter http://www.betriebsmittelliste.ch (Betriebs- und Futtermittel für den biologischen Landbau in der Schweiz).

Produkte, die für den Haus- und Kleingartenbereich (HuK) zugelassen sind, tragen den Vermerk „Für die Verwendung im Haus- und Kleingartenbereich zugelassen" oder „Anwendung durch nicht-berufliche Anwender zulässig" und sind für Flächen bis 150 m² dosiert. Sie unterliegen dem Selbstbedienungsverbot, das heißt, dass Vertreiber die Käufer über die Risiken der Verwendung, die richtige Anwendung, Lagerung und Entsorgung aufzuklären haben.

Die Grundpfeiler der biologischen Schädlingsbekämpfung

Der Pflanzenschutz im biologischen bzw. ökologischen Landbau und im Bio-Gartenbereich hat die Erhaltung des Gleichgewichts zwischen Schädlings- und Nützlingspopulationen zum Ziel und forciert nicht die komplette Beseitigung von Schädlingen. Vorbeugenden Maßnahmen ist immer der Vorrang vor bekämpfenden zu geben. Gentechnisch veränderte Organismen und synthetische Pflanzenschutzmittel sind verboten.

Pflanzenschutzmittel für den Bio-Gartenbau kann man in vier Gruppen einteilen:

- **Nützliche Makroorganismen**, wie Wirbellose, Insekten, Milben oder Nematoden, die verwendet werden, um Kulturpflanzen vor Schädlingen zu schützen.
- **Mikroorganismen**, wie Pilze, Bakterien (Bt) und Viren (Carpovirusine ...), die verwendet werden, um Kulturpflanzen vor Schädlingen und Krankheiten zu schützen oder um die Vitalität der Pflanzen zu erhöhen.
- **Chemische Botenstoffe**, zu denen Insekten-Pheromone und Kairomone gehören. Sie ermöglichen es, den Flugbeginn von Falterarten zu verfolgen und Schädlingspopulationen mithilfe von Fallen und sexueller Verwirrung unter Kontrolle zu halten.
- **Natürliche Substanzen**, die für biologische Pflanzenschutzmittel verwendet werden, bestehen aus Substanzen, die natürlich vorhanden sind. Diese können pflanzlicher, tierischer oder mineralischer Natur sein (Schwefel, Kupfer, Kaolin ...).

Dieses Konzept beinhaltet im Wesentlichen die Kategorien aus der biologischen Landwirtschaft.

Mittel gegen Insekten und Milben

Ton (kalziniertes Kaolin, grüne Tonerde)

Kaolin ist sehr feine Tonerde, die in kalzinierter Form verwendet wird. Das Produkt wird in Wasser aufgelöst und auf Blätter und Äste von Obstbäumen gesprüht. Es ist für die Nutzung im Garten gegen **Kirschfruchtfliegen** (s. S. 76) zugelassen. Profis setzen das Produkt auch gegen **Blattläuse auf Obstbäumen** ein. Gegen die **Mehlige Apfelblattlaus** (s. S. 80) wird es im Herbst ab Mitte September oder direkt nach der Ernte eingesetzt. Es erzeugt eine physikalische Schranke, die Früchte und Blätter vor Insekten schützt und ihnen die Eiablage erschwert. Auch die weiße Farbe hat eine abschreckende Wirkung. Bei der Herstellung und der Anwendung muss eine Maske getragen werden (feine Partikel). Die Anwendung sollte nach einer Regenmenge von 20 mm (entspricht 20 l/m^2) oder nach zwei Wochen wiederholt werden.

Grüne Tonerde hat die gleiche Wirkungsweise.

Nützlinge

In bestimmten Gartenfachgeschäften oder im Internet (s. Adressliste, S. 129) sind Nützlinge erhältlich, die im Garten im Kampf gegen Schädlinge eingesetzt werden können. Es gibt zahlreiche Arten von Nützlingen, von denen die meisten sowohl Profis als auch Anwendern im Haus- und Kleingartenbereich zur Verfügung stehen. Hobbygärtner sollten bei der Einführung von Nützlingen in den Garten sehr vorsichtig sein. Es muss darauf

Raubmilbe *Phytoseiulus persimilis*

Larve der Art *Chrysoperla carnea* (Gemeine Florfliege)

geachtet werden, die richtige Art, die am besten für einen bestimmten Schädling geeignet ist, zur richtigen Zeit und in der richtigen Menge einzuführen.
In neu angelegten, kleinen Stadtgärten, die weit vom ländlichen Raum, von Grünflächen oder Wäldern entfernt sind, ist diese Methode möglicherweise trotzdem das Mittel der Wahl. Das gilt auch für Pflanzen in Innenhöfen, Gewächshäusern oder Veranden. Diese Nützlinge überleben ausschließlich in Gärten, wo sie ganzjährig gute, ihrer Entwicklung zuträgliche Bedingungen vorfinden. Ansonsten sterben sie oder verlassen den Garten. Nach der Einführung von Nützlingen sollte die Verwendung von chemischen und Bio-Produkten, die nicht geeignet sind (Pyrethrum, Kaliseife, Spinosad), vermieden werden.
In Gärten und auf offenen Grünflächen ist es viel einfacher, effizienter, nachhaltiger und billiger, einheimische Arten, die bereits in der Umgebung sind, anzulocken.

Raubmilben

Gezüchtete Milben, wie etwa *Phytoseiulus persimilis*, sind im Kampf gegen **schädliche Milben**, vor allem **Obstbaumspinnmilbe** (Rote Spinne) und Gemeine Spinnmilbe, besonders effektiv. Dies trifft vor allem in Gewächshäusern, in Veranden und auch in heißer Umgebung oder während heißer, trockener Sommer zu. Diese Nützlinge fressen zugleich Eier, Larven und ausgewachsene schädliche Milben und vermehren sich schnell.

Marienkäfer der Gattung *Hippodamia*

Sie sollten eingeführt werden, sobald die Spinnmilben auf den Kulturpflanzen auftauchen (500 Milben je 25 m²).

Florfliegen

Diese Insekten befinden sich von Natur aus im Garten (s. S. 27), dringen aber kaum in abgeschlossene Räume wie Gewächshäuser, Veranden, Innenhöfe und Stadtgärten vor. Ihre Anwendung stellt im Falle von **Blattlaus-**, **Schmierlaus-**, **Fransenflügler-** und **Spinnmilben**befall das Mittel der Wahl dar.
In solchen Fällen sollten Eier (500 je 50 m²) oder in dringenden Fällen Larven (250 je 50 m²) eingesetzt werden.

Marienkäfer

Der Asiatische Marienkäfer (*Harmonia axyridis*) wird nicht mehr verkauft, da er sich sehr schnell ausbreitete. Heute ist diese Art im gesamten deutschsprachigen Raum verbreitet (s. Kasten S. 25). Zweipunkt-Marienkäfer (*Adalia bipunctata*) gehören zu den in Gärten und Obstgärten ebenfalls verbreiteten Arten (s. S. 23). Sie werden verkauft, um die oberen Vegetationsschichten (Obst- und Zierbäume sowie -sträucher) zu schützen:

- in Form von Eiern: 50 bis 100 je Baum
- in Form von Larven: 20 bis 40 je Baum
- in Form ausgewachsener Tiere: 10 bis 20 je Baum

Der Elfpunkt-Marienkäfer (*Hippodamia undecimnotata*) kommt ursprünglich aus dem Südosten Frankreichs sowie aus Mittel- und Südeuropa. Pro Jahr kann es zum Auftauchen von bis zu fünf Generationen kommen. Diese Käfer können wirkungsvoll gegen Blattläuse auf niedrigen Pflanzen (Gemüsegarten), Rosensträuchern, Oleander und kleinen Sträuchern (fünf bis 20 Larven je m²) eingesetzt werden.

Raubwanzen (*Macrolophus pygmaeus, Macrolophus caliginosus*)

Die *Macrolophus*-Gattung kommt aus dem Mittelmeerraum und besiedelt viele (Obst- und Gemüse-) Gärten, wenngleich sie sehr unauffällig und kaum in großer Zahl vorhanden ist (s. S. 31). Sie kann in Gewächshäuser zur Bekämpfung von **Mottenschildläusen** (Weißen Fliegen) und bestimmten **schädlichen Milben** eingeführt werden (kurativ: 20 bis 50 Larven/m², vorbeugend: ein bis zwei ausgewachsene Tiere/m²).

Nematoden

Diese winzigen Würmer leisten in schwierigen Situationen gute Dienste. Sie sind natürlich im Boden vorhanden, jedoch nicht in ausreichend großer Zahl, um die Bodenschädlinge in Schach zu halten. Nematoden sind für die anderen Tiere im Garten sowie für Menschen und Kulturpflanzen ungefährlich. Damit der Einsatz von Nematoden effizient ist, müssen strenge Bedingungen eingehalten werden:

- Feuchter Boden mit einer Temperatur zwischen 12 und 20 °C drei bis vier Wochen nach der Anwendung.
- Keine Anwendung bei starker Sonneneinstrahlung und während der heißesten Stunden des Tages.
- Keine chemischen Produkte: weder Schwefel noch Nematizide.

Die Nematoden bewegen sich im Porenwasser fort und suchen nach Wirten, mithilfe derer sie sich fortpflanzen können. Sie dringen in ihren Wirt ein und leben in seinem Inneren als Parasit. Bleibt die Erde eine Zeit lang feucht und warm genug, können sie dort einige Zeit überleben, während sie nach neuen Wirten Ausschau halten.

Nematoden sind relativ teuer und werden in Säckchen mit mehreren Millionen verkauft. Diese sollten in Wasser verteilt und durch Gießen oder mithilfe einer

Nützliche Wanze der Art *Macrolophus pygmaeus*

Sprühflasche in die Erde gebracht werden. Vor und nach jeder Anwendung sollte der Boden ausreichend gegossen werden, damit die Nematoden einfacher in den Boden gelangen. Mulchen nach der Anwendung hilft dabei, den Boden feucht zu halten.

Nematoden sollten dem Schädling entsprechend gewählt werden (Achtung: Zulassungen beachten! *Phasmarhabditis hermaphrodita* ist in Österreich z. B. nicht zugelassen; *Heterorhabditis bacteriophora* ist in Deutschland nicht für die Bekämpfung von Wurzelbohrerlarven zugelassen etc.):

- *Phasmarhabditis hermaphrodita*: gegen **Nacktschnecken** (vor allem Garten-Wegschnecken, die sich oft im Boden eingraben). Die Bodentemperatur sollte zwischen 5 und 20 °C betragen.
- *Steinernema kraussei* oder *Heterorhabditis bacteriophora* gegen **Engerlinge** (Dickmaulrüssler, Maikäfer) und gegen **Larven von Wurzelbohrern**.
- *Steinernema carpocapsae*: gegen Erdraupen, Schnaken, im Boden lebende Eulenfalter, **Maulwurfsgrillen** (Eingreifen zu Frühlingsbeginn).
- *Steinernema feltiae*: gegen **Ameisen**, **Trauermücken**, **Miniermotten**, **Apfelwickler**.

Ausnahmsweise werden Obstbäume verputzt.

Kalkanstrich für Bäume

Dieser sollte mit einer weichen Bürste (Kleisterbürste o. Ä.) auf den Stamm und die großen Äste der Obst- und Zierbäume aufgetragen werden. Der Verputz tötet einen großen Teil der überwinternden **Blattläuse**, **Falter**, **Schildläuse**, **Milben**, **Apfelblütenstecher** und auch **Moos** sowie **Flechten** auf den Obstbäumen. Vorsicht! In Nischen in der Rinde überwinternde Nützlinge, wie etwa Marienkäfer, können ebenso zu Schaden kommen. Deshalb sollte dieser Anstrich nur in Ausnahmefällen in Wintern nach starkem Befall zur Anwendung gelangen und nicht etwa regelmäßig jedes Jahr oder alle zwei Jahre.

Im Handel sind gebrauchsfertige Anstriche auf Basis von gelöschtem Kalk (Kalziumhydroxid) erhältlich. Man kann jedoch auch ein hausgemachtes Produkt benutzen (s. Kasten). Moos und Flechten sollten möglichst zuerst mit einer Drahtbürste bearbeitet werden, bevor der Anstrich angewendet wird.

Kalkmilch – ein Rezept*

Das Produkt setzt bei seiner Zubereitung viel Wärme frei und siedet. Das Tragen von Handschuhen, alter Kleidung und einer Schutzbrille ist nötig. Weiters wird ein Behälter aus Holz, nichtrostendem Stahl oder Zink benötigt (kein Plastik). Die Zubereitung muss im Freien durchgeführt werden.

1. Zuerst einen Teil Kalk in den Behälter füllen. Danach (keinesfalls davor!) zwei Teile Wasser hinzufügen. Die Mischung sieden lassen und Abstand halten.
2. Nach einer Stunde umrühren und bis zum nächsten Tag ruhen lassen.
3. Den Anstrich mit einer Kleisterbürste auf die Stämme und den Ansatz der großen Äste auftragen. Man kann die Bäume genauso gut mit Ton- (wenn der Boden viel Ton enthält) oder Kaolinverputz bestreichen. Wenn möglich sollten dem Verputz Kuhfladen beigemischt werden, da diese nützliche Mikroorganismen beheimaten.

* Quelle: Pflanzenschutz- und Düngemittel selbst gemacht!, von Brigitte Lapouge-Déjean und Serge Lapouge; Leopold Stocker Verlag 2015, S. 71.

Fanggürtel aus Wellpappe

Diese werden eingesetzt, um **Obstmaden** zu fangen (Apfelwicklerraupen, s. S. 78), die den Baumstamm hinunterkriechen (Apfel-, Birnen-, Walnuss- und Pflaumenbäume). Diese Bäume werden von den Raupen zur Verpuppung und zur anschließenden Verwandlung in Schmetterlinge (Juni/Juli) oder zur Überwinterung in Kokons aufgesucht. Die Fanggürtel werden in 30 bis 50 cm Höhe um die Baumstämme gewickelt. Der erste Einsatz sollte im Juni stattfinden, um die nach der ersten Flugphase im Frühling entstandenen Obstmaden zu fangen. Die Falle sollte etwa alle zwei Wochen bis Mitte Juli kontrolliert werden. Die zweite Anwendung sollte Anfang September stattfinden. Die Falle sollte bis nach der Ernte, also bis Ende Oktober, am Baum bleiben, damit auch die überwinternden Raupen in die Falle gehen. Wenn sich Kokons oder Puppen in der Falle befinden, sollte man sie verbrennen oder reinigen.

Bt (*Bacillus thuringiensis* subsp. *kurstaki*)

Dieses biologische Insektizid wirkt nur gegen Raupen und tötet viele verschiedene Arten ab, wie die des **Großen Kohlweißlings**, der **Lauchmotte** oder des **Buchsbaumzünslers**, der **Eulenfalter**, des **Spanners** oder des **Pinien-**/Kiefern- und des **Eichenprozessionsspinners**. Für andere Insekten, vor allem Nützlinge (z. B. Marienkäfer), ist diese Substanz ungefährlich.

Obstmadenfanggürtel um den Stamm eines Apfelbaums

Vermeiden Sie kombinierte Anwendungen

Bt hat den Vorteil, dass es nur gegen Raupen wirkt und für andere Insekten und Nützlinge ungefährlich ist. Deshalb sollten Sie es vermeiden, gleichzeitig mit Bt andere Insektizide, beispielsweise das Breitbandinsektizid Pyrethrum, auszubringen. Das passt nicht mit Bio-Gartenbau zusammen. Diese Kombination macht den Nutzen eines selektiven Insektizids wie Bt zunichte.

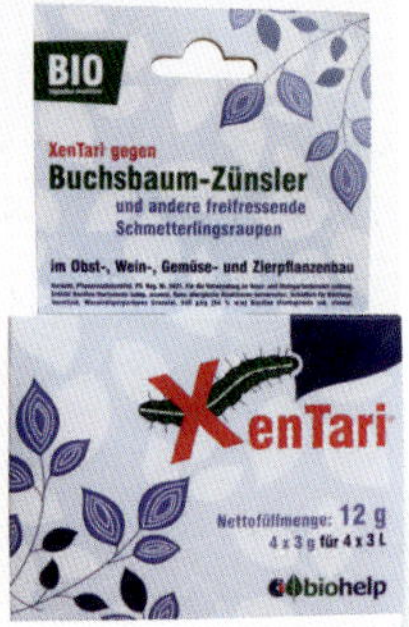

Sie besteht aus toxischen Proteinkristallen, die vom Bakterium ausgeschieden werden und die – nach Aufnahme durch die Raupen – eine Verletzung und Lähmung des Darms bewirken, was dazu führt, dass die Raupen aufhören zu fressen und binnen 24 bis 48 Stunden sterben. Die Substanz wirkt nur bei jungen Raupen, die viel fressen. Auf die älteren Raupen am Ende des Raupenstadiums wirkt sie kaum, da diese fast nichts mehr fressen.

Es dürfen nur Raupen auf Kulturpflanzen bekämpft werden und keinesfalls jene auf Wildpflanzen.

Das Produkt sollte fein zerstäubt auf alle Blätter gesprüht werden, vorzugsweise abends bei bewölktem Himmel, wenn die Temperaturen unter 15 °C abgesunken sind, wenn die Sonne weniger stechend und die UV-Strahlung weniger intensiv ist. Seine Wirkungsdauer beträgt längstens drei bis sieben Tage. Das Produkt sollte nicht mit Substanzen wie Kupfer oder Schwefel gemischt werden.

Das Produkt ist längstens ein Jahr haltbar und sollte licht- und wärmegeschützt (unter 25 °C) aufbewahrt werden. Es ist nicht nötig, für jede Raupenart ein eigenes Insektizid zu kaufen. Eine einzige Packung Bt genügt zur Bekämpfung aller Raupenarten.

Carpovirusine oder Apfelwickler-Granulosevirus

Carpovirusine ist ein biologisches Insektizid auf Basis des *Cydia-pomonella*-Granulovirus (CpGV), welcher ausschließlich Obstmaden von Wicklern (die Äpfel, Birnen, Nashi-Birnen, Walnüsse fressen) sowie Pfirsichwickler

Bt-Produkte wirken gegen verschiedene Raupenarten.

befällt. Profis verwenden dieses Virus schon seit Jahrzehnten. Momentan ist es in Deutschland und der Schweiz zugelassen. Madex MAX, ein anderes Granuloseviruspräparat, ist neben diesen beiden Ländern auch in Österreich zugelassen.
Alle Blätter und Früchte sollten damit besprüht werden. (Die Insekten platzieren ihre Eier nämlich an zufällig ausgewählten Stellen auf den Bäumen.) Die Substanz wird von den jungen Raupen aufgenommen, bevor sie in die Früchte gelangen, und führt vier bis 15 Tage später zum Tod.
Damit das Produkt optimal wirkt, muss es zur richtigen Zeit eingesetzt werden, nämlich ab dem Zeitpunkt des Schlüpfens der Raupen aus den Eiern. Diese Zeiten erfahren Sie in Österreich vom Warndienst Pflanzengesundheit von der AGES und in Deutschland von den amtlichen Pflanzenschutzwarndiensten der Landwirtschaftskammern, s. S. 79). Jedenfalls aber sollte das Produkt vom Fruchtansatz an (Entwicklung von der Blüte zur jungen Frucht) bis zur Ernte angewendet werden.
Eine neuerliche Anwendung alle zehn bis zwölf Tage ist nötig, um ganz sicher zu gehen.
Granuloseviruspräparate sind tiefgekühlt mehrere Jahre haltbar, im Kühlschrank jedoch nur acht Monate und bei Zimmertemperatur lediglich einen Monat.
Diese Produkte verlieren ihren Nutzen, wenn im Obstgarten zugleich die Methode der sexuellen Verwirrung (s. S. 110) angewendet wird.

Leimgürtel

Dieser stellt eine physische Hürde dar, die verhindern soll, dass Insekten den Stamm eines Obstbaums hinauf- oder hinunterklettern, und sollte im Laufe des Frühjahres angebracht werden, um das Hinaufklettern von **Ameisen** zu verhindern, die Blattläuse auf die Obstbäume tragen und diese schützen. Im Herbst schützt

Apfelwickler-Granulosevirus

Dieser Leimgürtel gegen Ameisen wurde nur für sehr wenige Ameisen, aber dafür für zahllose harmlose Insekten und Nützlinge (Spinnen, Ohrwürmer ...) zur Falle.

die Anbringung des Leimgürtels die Bäume vor dem **Kleinen Frostspanner**.
Diese Insektenfalle ist bedenklich, da sie auch sehr vielen harmlosen Insekten und Nützlingen schadet. Häufig bleiben Meisen, die festklebende Insekten fangen wollen, selbst in der Falle kleben.
Um solche Kollateralschäden möglichst zu vermeiden, sollte das Produkt nicht systematisch verwendet werden, sondern nur, wenn konkret Probleme aufgetreten sind, und nur eine begrenzte Zeit lang:

- gegen den Kleinen Frostspanner (s. S. 72) zwischen Oktober und Mitte Dezember ausschließlich im Falle starker Schäden, die von seinen Raupen im vorhergehenden Frühling verursacht worden sind;
- gegen Ameisen als kuratives Mittel (s. S. 73); sobald die Blattläuse keine Bedrohung mehr sind, sollte es entfernt werden. Das ist im Allgemeinen Ende Juni der Fall.

Dispenser zur sexuellen Verwirrung auf einem Apfelbaumzweig in einer professionellen Obstanlage

Dispenser zur sexuellen Verwirrung

Diese Methode wird seit Jahren gegen **Wickler** auf Apfel-, Birn-, Nashi-Birn-, Quitten- und Nussbäumen von Experten eingesetzt. Sie ist besonders wirkungsvoll in großen Obstgärten (1 ha oder mehr) oder in kleinen, alleinstehenden Gärten ohne andere gegen Obstmaden empfindliche Bäume (wie etwa Nussbäume). In kleinen Gärten inmitten anderer Gärten, in denen keine Schutzmaßnahmen getroffen wurden, ist sie wirkungslos.
Bei dem Produkt handelt es sich um einen Plastikdispenser, der mit Pheromonen getränkt ist. An den Bäumen befestigt füllen diese Dispenser die Luft mehr als fünf Monate lang mit Pheromonen, was die Männchen verwirrt und sie daran hindert, die Weibchen zu finden. So werden die Weibchen nicht befruchtet und legen keine Eier. Dadurch entstehen keine Raupen und die Früchte bleiben verschont. Ein einziges Mal ab Frühjahr in den Bäumen angebracht, schützt es die betroffenen Obstbäume während der gesamten Risikoperiode. Die Dispenser werden etwa 14 Tage vor dem erwarteten Flugbeginn der zu bekämpfenden Wicklerart verteilt, also je nach Region im April oder Mai. Die Dispenser sollten außen im obersten Drittel des Baumes angebracht werden. Die Anzahl der Dispenser hängt von der Baumart ab (Anweisungen auf der Packung beachten).

- Bei Bäumen in Reihen die Dispenserdichte an den beiden Bäumen am Anfang und am Ende der Reihen verdoppeln.
- Bei Bäumen auf einem eingezäunten Grundstück zusätzlich Dispenser (einen alle 10 m) rund um das Grundstück anbringen (etwa auf Hecken, Zäunen oder Zierbäumen).

Momentan sind Pheromondispenser ausschließlich für den professionellen Obstbau zugelassen. Im Haus- und Kleingartenbereich kommen Pheromonfallen zum Einsatz (s. S. 113). Zusätzlich kann mit

Rapsöl-Insektizide sind vielseitig verwendbar.

Apfelwickler-Granuloseviren und Fanggürteln meist das Auslangen gefunden werden.

Rapsöl-Insektizid

Dabei handelt es sich um eine emulgierbare Mischung, die vielseitig einsetzbar ist. Sie ist für Umwelt und Anwender ungefährlich, darf jedoch nicht in der Nähe von Bienen und anderen Nektarsammlern angewendet werden. Das Produkt wird in verschiedenen Formen verkauft, etwa zur Winterbehandlung und zur Behandlung am Ende des Winters, als pflanzliches Mehrzweckinsektizid, gegen Schildläuse, Blattläuse und Milben. Mit einer einzigen Flasche kommt man all diesen Schädlingen bei.

Als Winterbehandlung angewendet tötet das Rapsöl die überwinternden Insekten ab, die die Obstbäume angreifen. Es erstickt Eier, Larven und ausgewachsene Insekten. Es wirkt sowohl gegen Schädlinge (**Blattläuse**, **Obstmaden**, **Schildläuse**, **pflanzenfressende Milben**) als auch gegen Nützlinge (Marienkäfer, Raubmilben ...). Daher darf es nur ausnahmsweise im Winter eingesetzt werden, wenn es im vorhergehenden Jahr zu großen Schäden an den Obstbäumen gekommen ist. Eine zweite Anwendung, die erfolgt, wenn die Knospen austreiben, erreicht auch die Eier der Blattläuse sowie **Spannerraupen**, die sich tief in den Knospen verstecken. Die Anwendung im Frühling auf den Blättern hilft gegen Schildlaus- und Milbenbefall auf Grünpflanzen, Zier- und Obstbäumen. Die Anwendung sollte nur ausnahmsweise und nicht in der Nähe von Nützlingen erfolgen.

In bestimmten Produkten (z. B. Spruzit) wird Rapsöl mit Pyrethrum (s. S. 115) vermischt, um die insektizide Wirkung zu steigern. Nur im Notfall anwenden, wenn keine Nützlinge vorhanden sind oder deren Arbeit nicht ausreicht.

Rapsöl-Insektizid zum Selbermachen*

2 Esslöffel Rapsöl mit 2 Esslöffeln flüssiger Kaliseife vermischen. 1 Liter lauwarmes Wasser langsam hinzufügen und dabei kräftig umrühren, bis eine gleichmäßige Mischung entsteht. Diese dann in die Sprühflasche füllen.

*Quelle: Pflanzenschutz- und Düngemittel selbst gemacht!, von Brigitte Lapouge-Déjean und Serge Lapouge; Leopold Stocker Verlag 2015, S. 85.

Mineralöl*

Paraffinhaltiges Mineralöl (Vaselinöl) ist im Bio-Bereich erlaubt und für Mensch und Umwelt unbedenklich. Es entsteht bei der Erdöldestillation und hat die gleiche Wirkung wie Rapsöl.

Prozessionsspinnerlarvenbekämpfung

Der Eichenprozessionsspinner verbreitet sich in den letzten Jahren im deutschsprachigen Raum zusehends und es kam bereits zu Massenauftreten. Die Bäume selbst sind in der Regel nicht gefährdet. Da die Haare der Raupen allerdings schwere gesundheitliche Probleme wie Allergien auslösen können, ist eine Bekämpfung empfehlenswert. Aufgrund der Gefährlichkeit der Raupen sollten für die Bekämpfung Experten zugezogen werden.

Im Frühjahr kann mit *Bacillus-thuringiensis*-Präparaten direkt gegen die Raupen vorgegangen werden. Die Gespinste können auch mechanisch oder thermisch bekämpft werden (s. S. 91).

In Südeuropa ist gegen den Pinienprozessionsspinner eine spezielle Falle erhältlich. Sie besteht aus einem Ring, der um den Pinienstamm gelegt wird und an den ein Sammelbehälter anschließt, der die Insekten auffängt, welche zwischen Februar und Ende Juni den Stamm hinunterklettern. Die Falle wird auf den Stämmen befallener Pinien/Kiefern angebracht. Der Durchmesser des Rings sollte dem Stammdurchmesser des Baums entsprechen. Der volle Sammelbehälter sollte verbrannt oder kann mit dem Abfall entsorgt werden (falls dieser verbrannt wird). Das Produkt kann – mit Ausnahme des Behälters – über mehrere Jahre lang wiederverwendet werden.

Dickmaulrüssler-Falle

Diese Falle wird mit *Steinernema-carpocapsae*-Nematoden befüllt (s. S. 105) und zieht so ausgewachsene Dickmaulrüssler (s. S. 87) an, die sich tagsüber verkriechen. Die Nematoden dringen in den Körper der Insekten ein und führen innerhalb einiger Tage zum Tod. Eine Falle kann auf einer Fläche von 4 bis 10 m² eingesetzt werden.

Deltafalle mit Pheromonen

Nematop Käfer-Stopp ausgelegt

Auf den Leimplatten der Fallen sterben viele „unschuldige" Tiere.

Pheromonfalle

Pheromone sind Sexuallockstoffe, die von weiblichen Insekten produziert werden, um Männchen anzulocken. Sie werden in synthetischer Form in kleinen Kapseln (beispielsweise Naturid von Kwizda) verwendet und zusammen mit Leimfallen (Deltafallen) oder Flüssigkeitsfallen dazu benutzt, die Männchen verschiedener Schädlingsarten anzulocken und einzufangen: beispielsweise Apfel-, Pflaumen-, Pfirsichwickler, Lauchmotten, Kirschfruchtfliegen, Möhrenfliegen, Schnellkäfer („Drahtwürmer"), Rosskastanienminiermotten, Zitrus- und Tomatenminiermotten (Zulassung beachten!). Jede Art setzt andere Pheromone frei. Daher muss pro Schädlingsart eine Falle aufgehängt werden.
Die Fallen haben gute Warnfunktion, da sie den Beginn und das Ausmaß des Schädlingsbefalls anzeigen. Für jede Schädlingsart muss eine Falle installiert werden. Die Kapseln müssen alle vier Wochen ausgetauscht werden. Durch die Erhöhung der Fallenanzahl kann die Zahl der Männchen, der befruchteten Weibchen, der Eier und damit der beschädigten Früchte etwas gesenkt werden.
Das ist jedoch kostspielig und rentiert sich nicht.
Informationen zu den Perioden, in denen die Schädlinge aktiv sind, gibt es über die jeweiligen amtlichen Pflanzenschutzdienste (s. S. 101).
Außerdem sind die Leimplatten der Deltafallen nicht harmlos. Zahlreiche Insekten und auch Vögel, wie Blaumeisen, bleiben dort kleben. Flüssigkeitsfallen sind selektiver.

Farbfallen

Farbfallen werden von Experten vor allem in Gewächshäusern verwendet, um Schädlinge ausfindig zu machen und zu bestimmen. In großer Zahl können

Gelbe Fallen gegen Mottenschildläuse im Gewächshaus

Eine gelbe Falle im Gemüsegarten. Diese ist dort wenig nützlich und fängt oft auch Nützlinge, die dort festkleben.

Farbfallen dürfen nur während der Risikoperiode benutzt werden, um die Tötung von Nützlingen zu verhindern.

diese Fallen zu einem Rückgang der Schädlinge besonders in Veranden und kleinen Gewächshäusern oder in Kirschbäumen führen. In einem Obstgarten hingegen sind sie wenig effizient. Die Insekten werden durch die spezielle Farbe der Falle angezogen und bleiben am Leim, der die Falle bedeckt, kleben.

Es gibt, je nach Schädling, verschiedene Farben:

- Gelb: bestimmte **Fliegen**, darunter Kirschfruchtfliege, Mottenschildläuse (Weiße Fliegen)
- Orange: **Möhrenfliege**
- Blau: **Fransenflügler**

Vorsicht! Diese Fallen locken auch zahlreiche andere harmlose oder nützliche Insekten an (Florfliegen, Marienkäfer, Spinnen, Schmeißfliegen ...). Sie müssen daher sofort entfernt werden, sobald keine Bedrohung durch Schädlinge mehr besteht.

Natürliche „Hausmittel" und Pflanzen zur Schädlingsabwehr

Gegen **Blattläuse** sind Wasserspritzen (s. S. 100) oder Kaliseife (s. S. 116) schneller, effektiver und günstiger als Mittel auf Pflanzenbasis (Wirkungszeit, Einkaufen von handgefertigten Produkten). Zahlreiche Pflanzen werden als insektenabschreckend oder insektizid beschrieben. Diese werden oft für die Mazeration (Auszug) mit Wasser (auch Jauche-Mazeration), für die Dekoktion (Abkochung), den Aufguss oder auch für die Mazeration in Öl empfohlen. Zahlreiche wissenschaftliche und technische Versuche und Studien werden von Forschungsorganisationen für biologische und nicht-biologische Landwirtschaft durchgeführt. (Vor allem in Frankreich, wo der naturnahe Gartenbau einen großen Stellenwert besitzt, befassen sich viele Wissenschaftler mit der Erforschung der Wirkungsweise verschiedener Pflanzen.) Die meisten davon erzielen wenig aussagekräftige Ergebnisse. Die Produkte zeigen eine gewisse Wirkung in Jahren mit geringer Schädlingsbelastung. Sobald die Schädlingsbelastung allerdings mittel bis stark ausfällt, erweisen sie sich als unzureichend. Außerdem hängt die Wirksamkeit von zahlreichen Faktoren (Alter und Standort der Pflanzen, Zubereitung und Aufbewahrung des Produkts sowie Wasserqualität) ab. Nach momentanem Stand der wissenschaftlichen und technischen Forschung sind die wirkungsvollsten Pflanzen (obgleich zufällig) Wermut, Salbei, Pfeffer- oder Grüne Minze, Weide und Schachtelhalm – vor allem als Fungizid (Krankheiten) und gegen Blattläuse. Die Wirkung von Farnjauche gegen Schnellkäfer, Blutläuse und Engerlinge, die oft als alternative Lösung angeboten wird, ist nicht erwiesen. Der Rainfarn wehrt keine Blattläuse ab, sondern fällt ihnen sogar oft zum Opfer. Bestimmte frische Pflanzen (als Mulch, der regelmäßig zu erneuern ist) haben eine leicht abwehrende Wirkung: Weinraute (*Ruta graveolens*, vor allem gegen Nacktschnecken), Ginster, Melisse, Walnuss, Holunder, Thujen (gegen Große Kohlweißlinge), Tomaten ...

Natürliches pflanzliches Pyrethrum

Dieses Insektizid wird auf Basis von Blüten der Dalmatinischen Insektenblume aus den Tropen (*Chrysantemum cinerariaefolium*) gewonnen, die natürliche Pyrethrine enthalten, die für zahlreiche Insekten toxisch sind. Wenn Insekten damit in Kontakt kommen oder es fressen, lähmt es ihr Nervensystem. Kleinere Insekten, wie vor allem **Blattläuse**, **Erdflöhe**, Larven von **Kartoffelkäfern**, **Milben**, junge **Schildläuse**, **Zikaden**, **Blütenstecher** und **Blattwespen**, sterben schneller. Größere und jene mit Panzer halten dem Insektizid besser stand. Außerdem wirkt es als Ovizid gegen Schmetterlingsgelege.

Es wirkt nicht selektiv und tötet auch bestimmte Nützlinge: Bienen, Hummeln, Schwebfliegen, Schlupfwespen und wenn es ins Regenwasser gelangt auch im Wasser lebende Organismen. Der Schaden, den es bei den Nützlingen verursacht, hält sich jedoch in Grenzen, wenn der Garten und seine Umgebung eine hohe Biodiversität aufweisen (Schutzzonen und „Vermittler"pflanzen s. S. 43).

Aus diesen Gründen sollte biologisches Pyrethrum ausschließlich bei besonders gravierenden Problemen angewendet werden, die nicht anders gelöst werden können (wie etwa Erdflohbefall, Wanzenbefall auf Kohl, Kartoffelkäfer- oder Apfelblütenstecherbefall). Jegliche Anwendung auf den Blüten sollte vermieden werden.

Die Wirkungsdauer dieses Produktes ist kurz, da Licht- und Wärmeeinwirkung es schnell zersetzen. Es sollte abends, aufgelöst in nicht kalkhaltigem Wasser, aufgesprüht werden, um eine bessere Wirkung zu erzielen und die Nektarsammler zu schonen.

Natürliche oder synthetische Pyrethrine?

Natürliche Pyrethrine wirken nur kurze Zeit, da sie sich innerhalb weniger Stunden nach ihrer Anwendung auflösen. Deshalb ist auch ihre Giftigkeit von kurzer Dauer. Werden sie versehentlich von Tieren oder Menschen verschluckt, so werden sie rasch von der Leber abgebaut und ausgeschieden.

Synthetische Pyrethrine sind chemische Substanzen, die stabiler, langlebiger (mehrere Wochen) und giftiger für Fauna, Mensch und Umwelt sind. Sie sind im Bio-Bereich nicht erlaubt.

Bio-Insektizid auf Basis von natürlichem Pyrethrum und Rapsöl

Papiersack zum Schutz der Früchte

Kaliseife

Papiersack zum Schutz von Früchten

Früchte (vor allem Äpfel, Birnen und Weintrauben) werden zum Schutz vor Wespen, Hornissen und Vögeln in die transparenten, mit Mikro-Löchern ausgestatteten Säcke gesteckt, die mit einer dünnen Schnur verschlossen werden können. Die Säcke (Fruchtschutzbeutel) schützen die Früchte auch vor Obstmaden (Äpfel, Birnen) und vor späteren Krankheiten (wie etwa Monilia-Fruchtfäule), welche über Insekteneinstiche in die Frucht gelangen. Es können auch Gefrierbeutel (mit einem Loch, über das Kondenswasser abfließen kann) oder Säcke aus Kraftpapier, die zwei Wochen vor der Ernte entfernt werden sollten, um eine optimale Reife und Färbung der Früchte zu erreichen, verwendet werden.

Kaliseife

„Echte" Kaliseife ist im Bio-Gartenbereich erlaubt. Sie besteht aus Kaliumsalzen von Fettsäuren und wird auf Basis von Kali und Leinöl hergestellt. Den landläufigen Namen „Schmierseife" trägt sie deshalb, da sie im Gegensatz zu anderen, festen Seifen zähflüssig ist. Die meisten Schmierseifen für den Haushalt werden jedoch zum Teil aus Erdölprodukten hergestellt, die nicht zu 100 % biologisch abbaubar sind.

Kaliseife hat eine seit langem bekannte insektizide Wirkung. Sie wirkt, wenn sie mit der permeablen Kutikula von Insekten, wie etwa **Blattläusen**, **Mottenschildläusen**, **Schildläusen**, **Raupen** oder **Fransenflüglern**, in Kontakt kommt. Es ist nötig, das Produkt zweimal, im Abstand von mehreren Tagen, als feinen Sprühnebel anzuwenden, um Mottenschildläuse und Schildläuse zu beseitigen.

Zahlreiche Versuche zeigen, dass das Produkt gegen junge Raupen des Großen Kohlweißlings effektiv ist (obwohl es für diese Verwendung nicht zugelassen ist). Es ist für Nützlinge (vor allem Marienkäfer und Florfliegen) kaum giftig, wirkt jedoch toxisch gegen nützliche Milben.

Das Produkt wird auch verwendet, um Blätter vom Honigtau der Blattläuse und anderer stechender und saugender Insekten zu befreien, denn auf diesem bildet sich ein schwarzer Pilz (Rußtau), der das Blatt bedeckt und so der Pflanze das Licht nimmt und die Photosynthese erschwert.

Vorsicht! Das Produkt ist für bestimmte Zierpflanzen, wie Sukkulenten, Weihnachtssterne, Palmen, Springkräuter, Azaleen, Begonien, Gardenien und Gewürzpflanzen (Thymian, Lavendel, Rosmarin), möglicherweise giftig. Es empfiehlt sich daher, es vor der Anwendung zu testen.

Kaliseife ist gebrauchsfertig in der Gärtnerei erhältlich. Man kann sie auch als Konzentrat zur Reinigung der oberirdischen Teile der Pflanzen kaufen. Je 10 bis 20 g dieses Produkts sollten in einem Liter lauwarmen Wassers verdünnt werden. Verwenden Sie nicht saures, sondern pH-neurales Wasser und mischen Sie keinen Schwefel dazu (das verstärkt die Toxizität gegen nützliche Milben). Lassen Sie die Flüssigkeit abkühlen und versprühen Sie sie vorzugsweise abends bei feuchter Witterung.

Schmierseife für den Haushalt, die zu 100 % biologisch abbaubar, pflanzlich (ohne Zusatzstoffe) und Ecocert-zertifiziert ist – beispielsweise Olivenöl-Schmierseife –, kann ebenfalls benutzt werden.

Spinosad

Dieses kurative Insektizid wird durch Fermentation von im Boden vorhandenen Mikroorganismen der Art *Saccharopolyspora spinosa* hergestellt. Es wirkt gegen zahlreiche Insekten, wenn es aufgenommen wird oder mit ihnen in Kontakt kommt, indem es die Reizleitung der Nervenbahnen stört. Wird es auf ein Blatt appliziert, gelangt es von der Oberfläche ins innere Gewebe (translaminare Wirkung) und erreicht so die Insekten, die die Blätter bewohnen (vor allem **Minierfliegen** und **Miniermottenlarven**).

Der Wirkstoff Spinosad ist als Biozid in Köderdosen als Ameisenfalle erhältlich. In Deutschland und Österreich

Spinosad-haltiges Bio-Insektizid

Köderdose gegen Ameisen, wiederaufladbar

ist es im Moment im Gartenbaubereich auch gegen Kartoffelkäfer, Thripse, Kirschessigfliege sowie Minierfliegen und frei fressende Schmetterlingsraupen zugelassen. In der Schweiz ist es zusätzlich auch für diverse Wicklerarten, Erdflöhe, Eulenraupen, Blattkäfer etc. zugelassen. Es wird empfohlen, einen Esslöffel Kaliseife pro Liter des Produktes hinzuzufügen (zum Feuchthalten) und das Produkt abends oder bei bewölktem Wetter anzuwenden. Dieses nicht-selektive Insektizid ist schädlich für Gewässer, Bestäuber (Bienen, Hummeln) und bestimmte Nützlinge (Milben, Schlupfwesen oder Raubwanzen), jedoch nicht für Marienkäfer, Schwebfliegen und Florfliegen. Es sollte also nur gezielt angewendet werden, zum Beispiel gegen Lauchminiermotten, gegen welche es kein anderes bekämpfendes Mittel gibt.

Insektenschutzabdeckung

Diese ist sehr nützlich, um Pflanzen vor fliegenden Insekten zu schützen.
Es handelt sich um grob- bis sehr feinmaschige Netze (0,8 mm Maschenweite wirkt gegen die meisten Insekten), die maschenfest sind, aber leicht reißen. Da sie teuer sind, sollte man gut auf sie aufpassen! Sie sollten über Bögen gespannt werden und mit Gewichten ohne scharfe Kanten am Boden fixiert werden. Im Winter sollten sie kälte-, feuchtigkeits- und lichtgeschützt aufbewahrt werden. So halten sie drei bis vier Jahre.
Für eine einfache und optimale Anwendung sollte das zu schützende Gemüse in zwei bis drei benachbarten Reihen angebaut werden. Diese Abdeckungen sind nicht zu verwechseln mit Treibhausfolie, unter der die Temperatur – vor allem im Sommer – zu hoch ansteigen würde.
Die Verwendung gestaltet sich je nach Schädling unterschiedlich:

- **Möhrenfliegen**: ab dem Aufkeimen der Saat bis Ende Oktober. Es sollte darauf geachtet werden, dass die Abdeckung mit dem Boden dicht abschließt. Achtung: Die handelsüblichen, vertikalen Abdeckungen (mit 60 cm Länge) sind wirkungslos.
- **Erdflöhe**: bei heißem, trockenem Wetter, welches den Befall von Kohl, Rüben und Radieschen begünstigt.
- **Großer und Kleiner Kohlweißling**: Sobald die ersten Insekten gesichtet worden sind, wenn es zu starkem, regelmäßigem Befall kommt.
- **Lauchminierfliegen (Zwiebel, Schalotte)**: gegen die Maden ab der Pflanzung der Zwiebeln im Sommer bis Ende Oktober, gegen die Fliege ab August (bis Dezember) und von März bis Mai. Achten Sie darauf, dass die Abdeckung exakt mit dem Boden abschließt und dass die Blätter nicht direkt mit der Abdeckung in Kontakt kommen, da die Insekten ihre Eier manchmal hindurch legen.

Im Winter sollten die Abdeckungen kälte-, feuchtigkeits- und lichtgeschützt aufbewahrt werden. So sind sie drei bis vier Jahre haltbar.
Um eine ideale Anwendung zu gewährleisten, bauen Sie das zu schützende Gemüse in zwei bis drei benachbarten Reihen an.

Lauch unter einer Abdeckung: der beste Schutz gegen Maden.

Mittel gegen Weichtiere

Barrieren

Schneckenschutzring

Dieser Plastikring besitzt einen umgestülpten Rand und wird um Salat-, Kohl- und Blumensetzlinge und -stecklinge platziert, deren Samen in kleine Löcher ausgesät worden sind. Stecken Sie die Ringe einige Zentimeter tief in die Erde. Der Rand hindert Schnecken und Nacktschnecken daran, den Ring hochzukriechen und die Pflanzen anzugreifen. Außerdem macht er zielgenaues Gießen möglich. Er ist auf zahlreichen Internetseiten im Sechserpack erhältlich.

Kupferband

Es dient zum Schutz empfindlicher Pflanzen (Funkien, Dahlien, Kohl). Es ist 5 cm breit und schreckt Schnecken und Nacktschnecken davon ab, an ihm hochzukriechen. Es ist ungefähr gleich teuer wie der Schneckenschutzring, aber eleganter ...

„Hausgemachte" Barrieren

Die wirksamste und dauerhafteste Barriere stellen zermahlene Eier- oder Austernschalen und Kiefernnadeln dar (evtl. mit dem Rasenmäher zerkleinert).

Holzasche ist die ungeeignetste Barriere. Der erste Regen oder stärkere Tau macht sie wirkungslos. Das führt dazu, dass immer mehr Asche verwendet werden muss, was schlecht für die Bodenqualität und die Pflanzen ist.

Die normale Aschedosierung (Kalkdünger und Kalizugabe) beträgt 100 g/m²/Jahr, was drei Handvoll

Schneckenschutzring bzw. -kragen

Kupferband

Mulch aus Rautenlaub gegen Nacktschnecken

Ein Teelöffel Schneckenkorn pro Quadratmeter genügt für eine optimale Wirkung.

entspricht. Lein- oder Hanfspreu oder Buchweizenschalen sind nicht effektiver als die Asche.
Ein wenig frischer Mulch aus Weinrautenlaub (*Ruta graveolens*), zerschnitten und um empfindliche Pflanzen herum ausgelegt, ist wirkungsvoll, aber relativ kurzlebig. Andere Pflanzen haben eine schwache Wirkung: Rainfarn, Wermut, Lavendel, Muskat-Salbei ...

Schneckenkorn

Dieses Produkt besteht aus Eisen-III-Phosphat, das auch natürlich im Boden vorkommt. Es zieht Nacktschnecken an und wirkt appetithemmend. Die Schnecken hören auf zu fressen und sterben in ihren Unterschlüpfen, versteckt vor ihren Fressfeinden. Auch die Schleimproduktion hört auf und man sieht keine toten Weichtiere, was das Produkt wirkungslos erscheinen lässt. Das ist es aber ganz und gar nicht!
Das Produkt ist ungiftig für andere Tiere im Garten, wie etwa Regenwürmer, außer wenn extrem große Mengen verwendet werden, was sehr teuer wäre.
Die wirkungsvollste Dosis ist 5 g/m², also ein Teelöffel pro m², und sollte auf feuchter Erde gleichmäßig verteilt werden, also ohne kleine Häufchen zu machen. Eine 1-kg-Packung reicht für 200 m². In meinem Gemüsegarten, wo es auch Nützlinge gibt (Laufkäfer ...), hält so eine Packung über zehn Jahre.
Um eine optimale Wirkung zu erzielen, sollte das Produkt einige Tage vor dem Einpflanzen bzw. der Aussaat angewendet werden, damit es Zeit hat, seine Wirkung zu entfalten.

Nematoden

Ist der Garten von kleinen, schwarzen, meist in der Erde lebenden Nacktschnecken befallen, sind Nematoden (*Phasmarhabditis hermaphrodita*) eine wirkungsvolle Lösung, wenn sie unter optimalen Bedingungen angewendet werden. Allerdings sind sie relativ teuer (s. S. 105). Achtung: In Österreich und Deutschland sind diese Nematoden gegenwärtig nicht zugelassen!

Bierfalle

Ein einfaches, mit Bier gefülltes Gefäß, das leicht in den Boden gedrückt wird, lockt Schnecken und Nacktschnecken an, die trinken wollen und die dabei im Allgemeinen ertrinken. Dunkles Bier scheint wirkungsvoller zu sein. Jedoch ist die Wirkung des Biers manchmal so stark, dass sie Nacktschnecken von weit her, zum Beispiel aus den benachbarten Gärten und Wiesen, anlockt. Diese werden also eher angezogen als bekämpft. Außerdem zieht das Bier auch andere Tiere, wie etwa Laufkäfer, an, welche am besten gegen Nacktschnecken eingesetzt werden können (s. S. 55) und welche selbst im Bier ertrinken. Von dieser Falle ist abzuraten.

Bierfalle: Wirkungsvoll, aber eine Gefahr für Nützlinge

Erdbeerpflänzchen mit Vogelschutznetz

Im Netz verhedderte Kröte, gerettet dank täglicher Kontrolle des Netzes

Mittel gegen Vögel, Kaninchen, Maulwürfe, Feld- und Wühlmäuse

Vogelschutznetz

Das ist die wirkungsvollste Lösung, um Gemüse (Erbsen, Kohl ...) und kleine Früchte (Erdbeeren, Himbeeren, Weintrauben) vor **Vögeln** und **Kaninchen** zu schützen. Große Netze (10 x 10 m) helfen, Obstbäume und Johannisbeersträucher zu schützen. Wählen Sie ein festes Nylonnetz. Plastiknetze sind relativ empfindlich und schwer zu platzieren.
Vorsicht, das Netz kann zu einer Todesfalle werden. Kontrollieren Sie es jeden Morgen und befreien Sie Tiere, die sich in seinen Maschen verheddert haben (Vögel, Kröten ...) und entfernen Sie es, sobald es nicht mehr benötigt wird.

Mittel gegen Maulwürfe

Das Töten von Maulwürfen ist nicht gestattet und auch das Fangen sollte vermieden werden. Es bleiben also verschiedene Mittel zur Abschreckung von Maulwürfen, wie beispielsweise der Maulwurfschreck. Dieser Stab in unterschiedlichen Ausführungen je nach Modell wird in die Erde gesteckt und gibt – batterie- oder solarbetrieben – in regelmäßigen Abständen für den Menschen nicht wahrnehmbare Schwingungen ab, die für Maulwürfe unangenehm sind. Auch verschiedene Vergrämungsmittel – in flüssiger Form, als Kugeln etc. – sind

Maulwurf in Großaufnahme

im Handel erhältlich, diese enthalten unterschiedliche Öle oder Duftstoffe, die Maulwürfe fernhalten sollen.
Die radikalste Lösung für Fälle, in denen ihre Duldung nicht möglich ist (beispielsweise im Gemüsegarten), ist das Stellen von Lebendfallen. Achtung: Diese Fallen müssen regelmäßig kontrolliert werden, damit gefangene Tiere nicht darin umkommen. Sie können dann hunderte Meter weiter freigelassen werden.

Wühlmausfalle

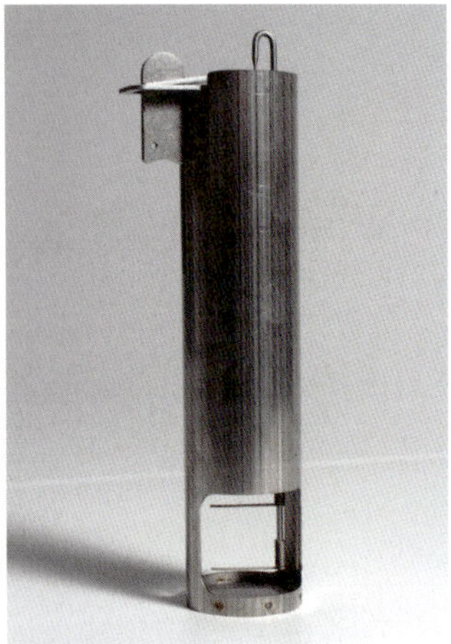

Topcat-Falle

Wühl- und Feldmausfalle

Gegen Wühlmäuse sind (die im Internet erhältlichen) Topcat- und Supercat-Fallen wirkungsvoll. Diese werden senkrecht in den Gängen angebracht.

Federfallen (beispielsweise von Neudorff), siehe Bild mit Köder (Apfel, Karotte oder auch Käse), die am Eingang der schiefen Gänge angebracht werden, sind wirkungsvoll gegen Große Wühlmäuse, aber schwieriger zu stellen. Lebendfallen werden gegen Zwerg- und manchmal auch gegen Feldmäuse verwendet. Diese Fallen werden als Lebendfallen bezeichnet, da die Tiere gefangen, aber nicht getötet werden. Sie können einige hundert Meter weiter weg wieder freigelassen werden (aber bitte nicht beim Nachbarn!), um sie ihren Fressfeinden auszusetzen und sie daran zu hindern, in den Garten zurückzukehren. Es gibt auch die Möglichkeit, sie im Hühnergehege freizulassen, wo die Hühner sie auffressen, oder sie zu ertränken (ein schneller Tod). **Achtung!** Überprüfen Sie die Fallen jeden Morgen, um versehentlich eingefangene Tiere freizulassen: Spitzmäuse (sterben sehr schnell an Erschöpfung), Vögel (vor allem Zaunkönige), Kröten ...

Falle für Große Wühlmäuse (Erdratten)

Abschreckband

Dieses dünne Band besteht aus Polypropylen und wird über die Pflanzen (die ausgesät oder gesetzt worden sind) zwischen zwei Pflöcken gespannt, sodass es Geräusche macht, wenn der Wind darüberstreicht, die Vögel (Tauben, Elstern, Krähen, Spatzen) dauerhaft abschrecken. Es wirkt auch gegen Kaninchen. Es ist (im Internet) als 30-m-Rolle erhältlich.
Alle anderen Abschreckmittel (wie etwa Katzenköpfe) sind wenig wirksam und kurzlebig.

Abschreckungsmittel gegen Kaninchen, Hasen und Wild

Mehrere Abschreckungsmittel sind erlaubt oder werden bald erlaubt sein: solche auf Pfeffer-, Mineralöl-, Fischöl-, Blutmehl- oder Hornmehlbasis ... Das Effektivste ist und bleibt jedoch ein guter Zaun ...

Abschreckband zum Schutz der Kohlpflänzchen gegen Tauben und Kaninchen

Für Nützlinge attraktive Blumen auf Blühstreifen

Mehrjährige	
+++	Schafgarbe
+++	Margerite
+++	Gewöhnlicher Hornklee
+++	Pfefferminze
+++	Mehrjähriges Fingerkraut
+++	Wilde Möhre
++	Fenchel
++	Rainfarn
++	Färberkamille
++	Phazelie
++	Borretsch
++	Brennnessel
+	Schwarze Flockenblume

Ein- und Zweijährige	
+++	Kornblume
+++	Geruchlose Kamille
+++	Ringelblume
+++	Buchweizen
++	Färberkamille
++	Phazelie
++	Borretsch
++	Klatschmohn
+	Dill
+	Zinnie
+	Studentenblume

Blumen, die im Herbst und am Ende des Winters blühen

Diese dienen Pollen sammelnden Nützlingen vor dem Überwintern sowie am Ende des Winters als Nahrung.

Pflanzenart	Blüte von Oktober bis Dezember	Blüte von Januar bis März	
Wild wachsende einjährige Pflanzen	Gänsedistel Rote Taubnessel Einjähriges Bingelkraut Einjährige Königskerze Gewöhnliche Vogelmiere Schwarzer Senf Einjähriges Rispengras	Hirtentäschelkraut Sonnen-Wolfsmilch Rote Taubnessel Einjähriges Bingelkraut Gewöhnliche Vogelmiere	Gemeine Pfeilkresse Einjähriges Rispengras Acker-Stiefmütterchen Gewöhnliches Greiskraut
Wild wachsende mehrjährige Pflanzen	Herbstlöwenzahn Goldrute	Scharbockskraut Löwenzahn Wiesen-Schaumkraut	Gänseblümchen Echtes Lungenkraut Persischer Ehrenpreis
Mehrjährige Gartenpflanzen	Aster (spätblühende Arten) Efeublättriges Alpenveilchen (Herbst-Alpenveilchen) Mehrjährige Chrysanthemen Topinambur (*Helianthus tuberosus*)	Großblütiger Beinwell (*Symphytum grandiflorum*) Krokus *Eranthis hyemalis*	Gänseblümchen Echtes Lungenkraut Vorfrühlings-Alpen- veilchen
Einheimische Baum- und Straucharten	Heide (*Erica cinerea, Erica textralis*) Efeu Erdbeerbaum	Stechginster Mandelbaum Birke Kornelkirsche und Asiatische Kornelkirsche Lorbeer-Seidelbast Stechpalme	Haselstrauch Schwarzdorn Kirschpflaume Rosmarin Weide
Gartenbäume und -sträucher	Englische Heide, Cornwall-Heide (*Erica x darleyensis, E. vagans*) *Camellia sasanqua* Lorbeerblättriger Schneeball Mexikanischer Orangenbaum Immergrüner Duft-Schneeball	Winterheide (*Erica carnea*) Kamelie Blut-Johannisbeere Wohlriechende Heckenkirsche (*Lonicera fragrantissima*) Japanische Zierquitte Duftender Seidelbast (*Daphne odora*) Lorbeerblättriger Schneeball	Japanische Mahonie Parrotie Pfirsichbaum Sarcococca Immergrüner Duft-Schneeball Frühlingsspiere *Skimmia japonica*

Einige der für Nützlinge attraktivsten Bäume und Sträucher

Name	Lateinischer Name	Blattwerk	Blütezeit	Nutzen für Nützlinge	Nützlinge
Efeu	*Hedera helix*	Immergrün	Oktober bis November	Blüten im Herbst, Früchte am Ende des Winters, Überwinterungs- und Nistplatz (Vögel ...), Wirtspflanze einer bestimmten Blattlausart	++++
Hainbuche	*Carpinus betulus*	An der Pflanze welkend	April/Mai	Viele Insekten, die als Beute für Nützlinge dienen; Überwinterungsplatz	++++
Buchsbaum	*Buxus sempervirens*	Immergrün	Februar bis März	Zahlreiche Schlupfwespen, Raubmilben und Spinnen; Unterschlupf	++++
Lorbeer-blättriger Schneeball	*Viburnum tinus*	Immergrün	Herbst und Januar bis Mai	Reiche und vielfältige Fauna dank der winterlichen Blüte und den immergrünen, flaumigen Blättern; zahlreiche Spinnen	++++
Haselstrauch	*Corylus avellana*	Laub abwerfend	Januar/ Februar	Zahlreiche Jäger von Blattläusen und Milben; Frühblüher, der mit Pollen Raubmilben anlockt	++++
Schwarzer Holunder	*Sambucus nigra*	Laub abwerfend	Juni	Zahlreiche Nützlinge werden im Mai/Juni von der Holunderblattlaus und den üppigen Blüten angelockt; Raubmilben, Spinnen, Schwebfliegen, Florfliegen, Vögel (Beeren), hohle Zweige werden von vielen Solitärbienen und Wespen zur Eiablage genutzt.	+++
Gewöhnlicher Schneeball	*Viburnum opulus*	Laub abwerfend	Mai/Juni	Wirtspflanze der Schwarzen Bohnenlaus und Blattkäfer, lockt viele Schlupfwespen, Marienkäfer und Raubmilben etc. an.	+++
Rote Heckenkirsche	*Lonicera xylosteum*	Laub abwerfend	Mai/Juni	Raubmilben	+++
Roter Hartriegel	*Cornus sanguinea*	Laub abwerfend, möglicherweise invasiv	Mai	Blüten, Früchte und Insekten; lockt viele Schlupfwespen, Weichwanzen, Marienkäfer, *Amblyseius californicus*, Spinnen, Florfliegen und Vögel an.	+++
Stieleiche	*Quercus pedunculata*	Laub abwerfend	April/Mai	Beheimatet eine reiche Insektenfauna: Schädlinge (Wickler), Nützlinge sowie pflanzenfressende Wanzen	+++
Steineiche	*Quercus ilex*	Immergrün	Frühjahr	Reiche, vielfältige Fauna, pflanzenfressende Wanzen	+++
Stechpalmen-Kreuzdorn	*Rhamnus alaternus*	Immergrün	März bis April	Blumenwanzen werden von bestimmten Blattflöhen angelockt, attraktive Blüten	+++
Weiden	*Salix alba, cinerea, incana*	Laub abwerfend	Beginn des Frühjahrs	Marienkäfer, Baum- und Blumenwanzen sowie Florfliegen werden von diesem Frühblüher angelockt.	+++

Name	Lateinischer Name	Blattwerk	Blütezeit	Nutzen für Nützlinge	Nützlinge
Kornelkirsche	*Cornus mas*	Laub abwerfend	Februar/März	Viele Florfliegen und Raubmilben, blüht sehr früh	++
Echter Lorbeer	*Laurus nobilis*	Immergrün	März/April	Schlupfwespen, *Amblyseius californicus*	++
Pfeifenstrauch	*Philadelphus coronarius*	Laub abwerfend	Mai/Juni	Ohrwürmer, Spinnen, nektarsammelnde und bestäubende Insekten	+
Forsythie	*Forsythia*	Laub abwerfend	März/April	Wenige Nützlinge, lockt jedoch mit ihren Blüten Orius-Wanzen an	+

Weiterführende Adressen

Gärtnereifachhandel

Zahlreiche Garten-Center verkaufen gezüchtete Nützlinge, Bio-Produkte, Fallen und Barrieren von verschiedenen Herstellern gegen Insekten, also das meiste, was in diesem Buch beschrieben wird. Bestimmte Produkte und Materialien hingegen sind nur oder einfacher im Internet erhältlich.

Websites

Die nachfolgende Liste an Websites stellt nur eine Auswahl dar und ist in keinem Fall vollständig.

biohelp
Web: www.biohelp-shop.at
Tel.: +43 (0) 1 76 79 851

Bioland Hof Jeebel, Biogartenversand
Web: www.biogartenversand.de
Tel.: +49 (0) 3 90 37 781

Scotts Celaflor
Web: www.liebedeinengarten.at
Tel.: +43 (0) 662 45 37 13 300

Kwizda
Web: www.kwizda-garten.at
Tel.: +43 (0) 5 99 77 10-0

Neudorff
Web: www.neudorff.de / www.neudorff.at / www.neudorff.ch
Tel.: +49 (0) 5155 62 44 888 / +43 (0) 66 24 21 181 / +41 (0) 62 76 70 050

Nufarm
Web: www.nufarm.de / www.nufarm.at

SAUTTER & STEPPER
Web: www.nuetzlinge.de
Tel.: +49 (0) 7032 95 78 50

naturboxx KG
Web: www.gartenboxx.at
Tel.: +43 (0) 699 10 44 04 68

Stichwortverzeichnis